O ENSINO DE HISTÓRIA LOCAL NOS ANOS INICIAIS
REFLEXÕES SOBRE A HISTÓRIA ENSINADA

Editora Appris Ltda.
1.ª Edição - Copyright© 2024 da autora
Direitos de Edição Reservados à Editora Appris Ltda.

Nenhuma parte desta obra poderá ser utilizada indevidamente, sem estar de acordo com a Lei nº 9.610/98. Se incorreções forem encontradas, serão de exclusiva responsabilidade de seus organizadores. Foi realizado o Depósito Legal na Fundação Biblioteca Nacional, de acordo com as Leis nos 10.994, de 14/12/2004, e 12.192, de 14/01/2010.

Catalogação na Fonte
Elaborado por: Josefina A. S. Guedes
Bibliotecária CRB 9/870

M468e 2024	Mayer, Elaine Aparecida O ensino de história local nos anos iniciais: reflexões sobre a história ensinada / Elaine Aparecida Mayer. – 1 ed. – Curitiba : Appris, 2024. 109 p. ; 21 cm. – (Ciências sociais. Seção história). Inclui referências. ISBN 978-65-250-5469-8 1. História local – Ponta Grossa (PR). 2. História (Ensino fundamental).3. História – Estudo e ensino. I. Título. II. Série. CDD – 372.89

Livro de acordo com a normalização técnica da ABNT

Editora e Livraria Appris Ltda.
Av. Manoel Ribas, 2265 – Mercês
Curitiba/PR – CEP: 80810-002
Tel. (41) 3156 - 4731
www.editoraappris.com.br

Printed in Brazil
Impresso no Brasil

Elaine Aparecida Mayer

O ENSINO DE HISTÓRIA LOCAL NOS ANOS INICIAIS
REFLEXÕES SOBRE A HISTÓRIA ENSINADA

FICHA TÉCNICA

EDITORIAL	Augusto Coelho
	Sara C. de Andrade Coelho
COMITÊ EDITORIAL	Marli Caetano
	Andréa Barbosa Gouveia (UFPR)
	Jacques de Lima Ferreira (UP)
	Marilda Aparecida Behrens (PUCPR)
	Ana El Achkar (UNIVERSO/RJ)
	Conrado Moreira Mendes (PUC-MG)
	Eliete Correia dos Santos (UEPB)
	Fabiano Santos (UERJ/IESP)
	Francinete Fernandes de Sousa (UEPB)
	Francisco Carlos Duarte (PUCPR)
	Francisco de Assis (Fiam-Faam, SP, Brasil)
	Juliana Reichert Assunção Tonelli (UEL)
	Maria Aparecida Barbosa (USP)
	Maria Helena Zamora (PUC-Rio)
	Maria Margarida de Andrade (Umack)
	Roque Ismael da Costa Güllich (UFFS)
	Toni Reis (UFPR)
	Valdomiro de Oliveira (UFPR)
	Valério Brusamolin (IFPR)
SUPERVISOR DA PRODUÇÃO	Renata Cristina Lopes Miccelli
ASSESSORIA EDITORIAL	William Rodrigues
REVISÃO	Marcela Vidal Machado
PRODUÇÃO EDITORIAL	William Rodrigues
DIAGRAMAÇÃO	Jhonny Alves dos Reis
CAPA	Sheila Alves
REVISÃO DE PROVA	Jibril Keddeh

Todos os dias quando acordo
Não tenho mais o tempo que passou
Mas tenho muito tempo
Temos todo o tempo do mundo.

("Tempo Perdido", Legião Urbana, 1986)

PREFÁCIO

Como se ensina a história para as crianças do mundo inteiro? Isso é o que perguntava o historiador francês Marc Ferro nos anos 1970, preocupado em como a história, na mais tenra idade, é capaz de formar a visão de mundo das pessoas, para o bem e para o mal, forjando elos entre os povos para que, unidos, superassem seus desafios, mas também criando preconceitos difíceis de superar mais tarde, o que prejudicava pessoas e levava a conflitos entre grupos e povos. Infelizmente, é só o estudo de Ferro que está no passado, o diagnóstico que ele construiu comparativamente permanece válido: a história pode ser usada, em mãos responsáveis e éticas, para construir futuro comum ou, em mãos irresponsáveis e desonestas, para construir o ódio, a divisão, o negacionismo.

A história que ensinamos para as nossas crianças é uma coisa muito séria. Mas não ensinar história nenhuma pode ser mais sério ainda, porque pode deixá-las despreparadas para lidar com milhares de informações sobre a vida das pessoas, grupos e povos no tempo, que chegam naturalmente pelos meios de comunicação, sobretudo as redes sociais digitais. Se pudéssemos evitar que as crianças acessassem as redes sociais e garantir que elas aprendessem os fundamentos e rudimentos do pensamento histórico (elemento indispensável do pensamento crítico) em vez de fazer o contrário, estaríamos investindo num futuro melhor do que esse presente de polarizações e extremismos no qual nos metemos neste início de século.

Mas, afinal, ainda cabe falar de ensino de História nas séries iniciais diante da lógica atual da maioria dos governos que creem que escrever, ler e contar é só o que conta? A aposta de que as séries iniciais devem se restringir quase só a isso é feita por muitos sujeitos: políticos preocupados apenas com a próxima eleição, e não com a próxima geração (e não são – quase – todos assim?), fundações privadas financiadas por grandes capitalistas interessados no lucro acima de tudo, e no ser humano em segundo lugar (se der!), e gestores da educação desavisados ou convencidos por décadas de propaganda neoliberal. Todos esses apostam que o melhor caminho para a educação nas séries iniciais é apostar em Matemática e Língua Portuguesa, cálculo, leitura, escrita, de modo a garantir o mínimo. Com o mínimo debaixo do braço, espera-se que estudantes aprendam o que falta nos anos seguintes. O que a experiência cotidiana de professoras e pesquisadoras vem mostrando aponta para direções bastante diferentes, e o risco é ficar abaixo do mínimo.

Escreve-se quando se tem algo para contar, busca-se a linguagem quando se tem algo para comunicar, uma necessidade de escrita é parte técnica (código), parte substância (o que escrever) e parte motivação (escrever pela vontade de comunicar algo). A história é uma das melhores alternativas para produzir essa motivação, esse estímulo para seguir lendo e escrevendo, porque lida com identidade, imaginação, curiosidade, diversidade, enfim, sobre os vários mundos que convivem no nosso mundo e, mais ainda, no mundo das crianças. Sem contar que a descoberta da história por trás das conquistas matemáticas da humanidade torna o aprendizado mais interessante, motivado, engajado e... eficiente. Quem nos conta isso são os pesquisadores da Educação Matemática. Enfim, se queremos que as crianças aprendam a ler, escrever e contar, o caminho errado é restringir o aprendizado a ler, escrever e contar, sem colocar esses saberes/fazeres em relação com o mundo à sua volta, que é trazido pela História, pela Geografia, pelas Ciências da Natureza, as artes e tantos outros campos de conhecimento, pensamento e ação.

Feitas essas considerações de ordem mais geral, de posicionamentos político-pedagógicos, cumpre dialogar mais diretamente com o coração deste livro, que está no elo entre as crianças e a cidade de Ponta Grossa, dentro de um processo de encantamento e também de conhecimento objetivo. De sua experiência como docente das séries iniciais em Ponta Grossa, graduada em História e pesquisadora do ensino de História, vem para a autora a perspectiva dupla que fundamenta esta obra: um olhar afetivo pelas pessoas e coisas da cidade, junto ao olhar crítico que intui que as coisas não são e não foram exatamente como nos contam, já que os narradores têm seus contextos e interesses. A identificação afetiva com a cidade, sozinha, nos levaria para uma identidade ingênua e formalista, que não iria muito além de um sentimento difuso de pertencimento e do cumprimento de rituais cívicos, sem maiores efeitos práticos. Por outro lado, um olhar apenas de desconfiança crítica reproduziria um olhar desconectado da comunidade, separador de sujeito objeto, analíticos sem se ligar, e igualmente de escassos efeitos práticos. Diferente disso, é no entretecer de criticidade e de amorosidade que a Elaine vai construindo este livro.

Na obra de Paulo Freire, patrono da educação nacional e o brasileiro mais lido em ciências humanas nas universidades do exterior (aquele mesmo a quem tantos promotores de platitudes acusam de tudo e mais um pouco), a ideia de amorosidade desempenha um papel central, permeando suas teorias educacionais e sociais. Freire acreditava que a verdadeira educação não poderia acontecer sem um profundo senso de amor e empatia entre educadores e educandos. Ele defendia que o ato de ensinar e aprender deveria ser permeado pelo respeito mútuo, compreensão, cuidado e solidariedade. Para Freire, a amorosidade não se resume ao sentimento, mas é uma prática transformadora capaz de romper as estruturas opressivas e promover uma educação libertadora. Por meio da amorosidade, os indivíduos poderiam se emancipar, questionar as injustiças sociais e colaborar na construção de um mundo mais justo e igualitário. Coerente com esse princípio, o texto da Elaine é permeado de amorosidade, com a Princesa, com as professoras, com as perspectivas de renovação do ensino da História Local em geral e da História de Ponta Grossa em particular.

A primeira amorosidade é com a princesa, assim, sem aspas, sem reverência, mas com respeito, sem bajulação, mas com a intimidade de quem convive diariamente. A princesa aparece como termo no livro com dois significados, o primeiro para referir-se à própria cidade de Ponta Grossa, que tem no título "Princesa dos Campos" uma de suas alcunhas populares mais famosas. O outro sentido da palavra é para resumir, amorosamente, o título do livro *A Princesa das Crianças*, de Maria de Lourdes Pedroso e Maria Stella Meister, lançado em 1989 e que tem funcionado, desde então, como referência didática e paradidática nas séries iniciais das escolas municipais e particulares da cidade. A amorosidade fica clara no tratamento que é dado a essa obra: ainda que o objetivo seja pensar projetos uma nova "princesa" para as séries iniciais do ensino fundamental local, o livro não é "desancado" em nenhum momento. Pelo contrário, é compreendido em seu contexto histórico de surgimento e dentro da finalidade para a qual foi construído. Isso é historicidade, e historicidade é a base da empatia histórica, sem a qual não vamos muito longe nos caminhos de educar historicamente a criançada e a juventude. As referências usadas neste livro para pensar e discutir o ensino de História em geral e o ensino da História Local, especificamente, bem como a educação nas séries iniciais, são quase todas posteriores ao lançamento do livro estudado nestas páginas. Por certo, hoje enxergamos mais longe. Mas o fato é que, como disse Isaac Newton (por sua vez, referindo-se a uma ideia dos tempos medievais), enxergamos mais longe porque estamos sobre os ombros de gigantes.

Outro dado desta obra que destacada sua amorosidade é o fato de partir da escuta atenta e respeitosa das professoras do ensino fundamental do município de Ponta Grossa. Assim, não se estabelece um plano para um novo material paradidático sobre a História Local a partir das ideias prévias da autora, nem apenas da bibliografia acadêmica estudada, nem somente da tradição já estabelecida, mas do conhecimento sobre quem são os sujeitos e o que ensinam. Para isso, acolhe-se a diversidade do grupo, que é etária, de formação, de concepções, acolhe-se o fato de que a maioria não teve formação docente em História Local, lacuna que pode e deve ser contemplada. O respeito à *Princesa das Crianças* se vê porque se rejeita a retórica da falta, da carência, da ausência, bem como se rejeita uma postura verticalizada de quem olha "de cima", como se a universidade e a pós-graduação estivessem acima da escola. Não estão.

Professor Doutor Luis Fernando Cerri
Professor associado no Departamento de História da Universidade Estadual de Ponta Grossa. Líder do Grupo de Estudos em Didática da História (GEDHI) e coordenador do Mestrado Acadêmico em História da UEPG. É presidente da Associação Brasileira de Pesquisa em Ensino de História (mandato 2019-2021 e 2022-2023).
Lattes: http://lattes.cnpq.br/8736574102082133

SUMÁRIO

INTRODUÇÃO 17

CAPÍTULO 1
O ENSINO DE HISTÓRIA NOS ANOS INICIAIS 23
1.1 A FORMAÇÃO DE PROFESSORES DOS ANOS INICIAIS 23
1.2 O ENSINO DE HISTÓRIA REGIONAL E LOCAL: ALGUNS
CONCEITOS 26
1.3 A CRIANÇA DO ENSINO FUNDAMENTAL ANOS INICIAIS 33

CAPÍTULO 2
O ENSINO DE HISTÓRIA LOCAL NO MUNICÍPIO DE PONTA GROSSA: UM BREVE PANORAMA DAS PRÁTICAS DOCENTES 37
2.1 ELABORAÇÃO E APLICAÇÃO DO QUESTIONÁRIO 37
2.2 ANÁLISE DOS DADOS 40
2.2.1 Perfil das professoras entrevistadas 41
2.2.2 O ensino de História Local na graduação das entrevistadas 44
2.2.3 Dificuldades nos conteúdos sobre História Regional e Local 48
2.2.4 A compreensão do Referenciais Curriculares Municipais para a
disciplina de História 54
2.2.5 A atuação das entrevistadas nos ciclos dos anos iniciais 58
2.2.6 Metodologias utilizadas nas aulas de História 63
2.2.7 Fontes históricas utilizadas para o ensino de História 66

CAPÍTULO 3
A PRINCESA DAS CRIANÇAS VOLTA À CENA: DIÁLOGOS POSSÍVEIS SOBRE A HISTÓRIA LOCAL 71
3.1 CONCEITOS TRAZIDOS PELA *PRINCESA* 71
3.2 MUDANÇAS E PERMANÊNCIAS 76
3.3 PORQUE AS PRINCESAS NÃO SÃO MAIS AS MESMAS! 82
3.3.1 Formação continuada 86

3.3.2 Educação Patrimonial..88

3.3.3 *A Princesa das Crianças* versão 2.0...91

CONSIDERAÇÕES FINAIS.. 97

REFERÊNCIAS 101

INTRODUÇÃO

Antigamente os Campos Gerais eram uma imensidão de pastagens naturais salpicadas de capões cheinhos de pinheiros. Naquele tempo não era como hoje, não havia grandes plantações, nem cercas, nem boas estradas ou pontes, tudo ainda era muito selvagem. As pessoas moravam nas fazendas que eram grandes e ficavam muito longe uma das outras.

(MEISTER; PEDROSO, 1989)

Era fazendo uso dessas palavras, descritas na obra *A Princesa das Crianças* (1989), das professoras Maria de Lourdes Pedroso e Maria Stella Meister, que iniciávamos a aula de História sobre a fundação de Ponta Grossa, com a turma da antiga 2ª série do ensino fundamental, em meados da década de 1990. Mesmo tentando fazer com que as crianças entendessem o que eram "capões", usando apenas quadro e giz e uma representação não muito fiel ou tentando fazê-los imaginar o quão distante era este antigamente, esmerávamo-nos muito para dar uma boa aula de História e a *Princesa das Crianças* (doravante apenas *Princesa*) sempre nos salvava.

O título dado à obra em questão já remetia à importância dela no contexto histórico paranaense. Era uma alusão à geografia local e ao prestígio da cidade de Ponta Grossa, que era tida como a Princesa dos Campos Gerais.

Extraíamos de suas poucas páginas todo o conhecimento que nem sempre nos era apresentado nas aulas de didática da História nos cursos de Magistério. Limitávamo-nos a compreender o que seus textos nos traziam como fontes da história de nossa cidade. Sentíamo-nos protegidas pela *Princesa*, pois, sem ela, não existiria uma aula de História que contemplasse aspectos históricos e geográficos de nossa comunidade.

De certa forma, a *Princesa* nos acomodou, fazíamos cópias de suas páginas e colávamos nos cadernos dos alunos para ter certeza de que eles não esqueceriam que estas terras já foram caminho de tropeiros e que a catedral foi erguida no local mais alto da cidade, graças às duas pombinhas que ali pousaram.

Quem não conhece a lenda das pombinhas? Ah! Essas famosas pombinhas... Soltas por fazendeiros que moravam na região dos Campos Gerais e que discutiam qual era o melhor lugar para ser o centro da nova freguesia, elevada a essa categoria em 15 de setembro de 1823. Reza a lenda que as tais pombinhas pousaram em uma grande figueira que ficava numa colina e ali, então, foi construída a Matriz de Santana (MEISTER; PEDROSO, 1989).

Graças a essa lenda, a história da fundação de Ponta Grossa, para a maioria dos alunos dos anos iniciais do ensino fundamental, fica restrita ao caminho dos tropeiros, que de fato existiu, e ao pouso das célebres pombinhas, que ficou fossilizado no imaginário ponta-grossense.

Sabemos, como historiadores, o quanto mitos e lendas fazem parte da construção da identidade de um povo e que esse tipo de narração serve, muitas vezes, para explicar algum acontecimento histórico. De acordo com o Dicionário do Folclore Brasileiro, "[...] lendas podem ser episódios sentimentais ou heroicos transmitidos e conservados na tradição oral de um povo e localizada num tempo e espaço" (CASCUDO, 2001, p. 328).

Nada melhor que pombinhas da paz para selar a "briga entre fazendeiros" que decidiriam onde Ponta Grossa, de fato, teria sua pedra fundamental. Mas quem eram esses fazendeiros? Por que brigavam de fato? Questões como essas não eram nem de longe questionadas com nossos alunos. Na verdade, muitas de nós, professoras regentes, não sabíamos outro detalhe além daqueles trazidos pela *Princesa*.

Com certeza, a *Princesa* nos guiou pelos caminhos da história de Ponta Grossa durante muitos anos. Foi nossa direção em meio a uma história contada sem muitos detalhes, em um tempo em que era (ou ainda é) um tanto enredado compartilhar informações, pesquisas acadêmicas ou literárias que abrangessem a História Local.

Em hipótese alguma a presente obra pretende desmerecer a obra das autoras Maria de Lourdes e Maria Stella ou a atuação das professoras dos anos iniciais que faziam, e ainda fazem, o uso dela em suas aulas de História. A intenção é exatamente oposta. Foi partindo dessa necessidade e de uma dificuldade pessoal, como professora dos anos iniciais, que a possibilidade desta pesquisa passou a existir.

Ao iniciar o curso de Licenciatura em História da UEPG, qual foi minha gratificante surpresa ao me deparar com inúmeras pesquisas na área de História Local, bem como conhecer pesquisadores dedicadíssimos a esses temas. Obviamente, o encantamento pela História Local e por todos os aspectos que constroem as páginas da história de nossa cidade e agregam ao conhecimento histórico olhares diversificados sobre o mesmo fato fez com que o questionamento acerca do porquê de tais pesquisas não chegarem ao espaço da escola de anos iniciais ficasse mais latente.

Ir além da lenda das pombinhas e tentar descobrir outros caminhos para que essa história chegasse aos espaços escolares e, quem sabe um dia, às práticas das professoras unidocentes, motivaram as leituras sobre o entendimento da criança dos anos iniciais e a forma com a qual ela aprende História. Foram utilizados como referência, na área de ensino de História voltado aos anos iniciais, as pesquisas de Cainelli (2009), Miranda (2013), Fonseca (2009), Luporini e Urban (2015) e Cooper (2006, 2012), as quais possibilitaram uma rica fonte de dados e possibilidades para a presente pesquisa.

Para que este novo caminho de pesquisa pudesse ser traçado, também foram realizadas buscas em teóricos e pesquisadores de História Local. Esses pesquisadores contribuíram para um acervo significativo sobre a história do município de Ponta Grossa. Após essa busca teórica, foram estabelecidos objetivos que buscassem uma tentativa de diálogo entre o passado e o presente no que se refere às aulas de História nos anos iniciais: buscar dados que demonstrem como as professoras dos anos iniciais organizam suas aulas dentro da temática da História Local e qual a importância que elas atribuem a esse conteúdo especificamente; quais as possíveis dificuldades e facilidades encontradas nas práticas de sala de aula dessas professoras; como o ensino de História Local pode colaborar para que o aluno se perceba como sujeito histórico pertencente a uma comunidade, que possui uma história particular, a qual está diretamente ligada a uma macro-história.

Para atingir tais objetivos, além de um estudo bibliográfico sobre as relações entre História Local e ensino de História, bem como pesquisas de autores que tratem diretamente da temática de formação de professores e o ensino de História nos anos iniciais, optamos pela aplicação de questionário para as professoras dos anos iniciais de algumas escolas da Rede Municipal de Ensino de Ponta Grossa. Os questionários foram elaborados na tentativa de encontrar possíveis pistas de como se dá a prática na disciplina de História nos anos iniciais, em que momento o ensino da História Local acontece, bem como perceber as dificuldades e/ou facilidades encontradas pelas docentes desse segmento.

Resolvemos aplicar os questionários somente em escolas públicas municipais para que não existissem possíveis disparidades em relação ao currículo da disciplina. Foram entregues 105 questionários impressos, distribuídos em sete escolas de ensino fundamental de quatro bairros diferentes de Ponta Grossa. Do total distribuído, 58 retornaram preenchidos quase em sua totalidade. Ressaltamos que as professoras que responderam ao questionário aceitaram o convite de participar da pesquisa por meio de informações repassadas pela equipe gestora e mediada por elas. Com base na voz das 58 professoras, buscaremos trazer à tona algumas discussões relevantes na área de ensino de História.

O primeiro capítulo contemplará a temática da formação das professoras de modo geral e, em específico, em História. Também buscará refletir sobre a criança que transita nesse segmento dos anos iniciais e sua relação com a História e, por fim, trará alguns conceitos específicos na História Regional e Local para dialogar com o ensino de História dos anos iniciais.

O segundo capítulo traçará um panorama sobre o município de Ponta Grossa, em seu contexto educacional, para desta forma demonstrar os dados obtidos na aplicação dos questionários e possíveis resultados que ampliem as discussões sobre o ensino de História e o ensino da História Local.

O terceiro capítulo, com base na análise dos dados obtidos nos questionários, pretende discutir novas possibilidades no que se refere especificamente à história da cidade, ou seja, delinear possibilidades de uma "Princesa renovada" para que ela possa continuar guiando os caminhos de alunos e professoras de Ponta Grossa.

CAPÍTULO 1

O ENSINO DE HISTÓRIA NOS ANOS INICIAIS

1.1 A FORMAÇÃO DE PROFESSORES DOS ANOS INICIAIS

Muitas pesquisas vêm sendo realizadas nos últimos anos dentro da área do ensino de História, com o intuito de contribuir para a formação de professores, bem como para melhorar as práticas de sala de aula e a compreensão de alunos e professores a respeito da aprendizagem histórica. Muitas delas são voltadas para as temáticas dos anos iniciais, como os estudos e pesquisas já realizadas por Cainelli (2009), Fonseca (2009), Miranda (2013), Urban e Luporini (2015) e Siman (2003), que tratam de especificidades dessa faixa etária e que muito contribuem para reflexão e prática de quem atua nos anos iniciais do ensino fundamental.

Entre as várias discussões trazidas pelas autoras citadas, encontra-se a problemática sobre formação dos professores dos anos iniciais, que normalmente possuem formação inicial nos cursos de Magistério (nível médio) e/ou Pedagogia ou Normal Superior, formação esta que normalmente abrange todas as áreas do conhecimento, pois tem a intenção de formar o professor generalista. Para os professores desse segmento, ter a responsabilidade de compreender metodologias e estratégias de ensino de todas as áreas do conhecimento nem sempre é muito fácil, pois em sua formação inicial a ênfase dada a algumas disciplinas em detrimento de outras fica muito explícita em seus currículos.

Dorotéio (2016, p. 215), em suas pesquisas sobre o ensino de História nos anos iniciais, reforça a questão da dificuldade encontrada pelo professor unidocente e elenca algumas considerações pertinentes em relação à formação inicial de tais professores:

> Destaca-se o necessário investimento em formação inicial e continuada dos profissionais que atuam nos Anos Iniciais, sendo essa função marcada pela polidocência, na qual se exige desse professor o domínio de várias disciplinas, o que tende a tornar-se frágil o domínio conceitual em determinadas áreas do conhecimento, configurando um dos grandes desafios da formação do docente pedagogo.

Ao fazer uma retomada dos percursos tomados pelo ensino de História e seu currículo ao longo das últimas décadas, Telles (2015, p. 27) constatou que, mesmo diante de várias mudanças, alguns pontos ainda necessitam de reflexões:

> [...] permaneceram outros desdobramentos sobre os quais há a necessidade de um debate mais profundo, como é o caso da atuação de professores unidocentes nas primeiras etapas escolares, bem como certa secundarização da disciplina de História diante da Língua Portuguesa e Matemática nos Anos Iniciais do Ensino Fundamental.

Ainda, de acordo com a autora, existe uma série de dificuldades que permeiam as relações de aprendizagem de História, que vem desde a formação inicial dos professores até a ênfase ou a importância dada à disciplina de História nos anos iniciais.

Fazendo uma breve retomada histórica do processo de formação de professores dos anos iniciais, muitas foram as mudanças da função social desses profissionais, bem como de seu perfil perante a sociedade e a escola. Inicia-se pelos professores sem formação específica, que davam aulas em suas casas escolares; posteriormente, pelas moças das Escolas Normais (NASCIMENTO, 2008) ou cursos profissionalizantes de Magistério e atualmente pelos cursos superiores de Pedagogia. Conforme afirma Tanuri (2000, p. 80):

> Assim, a já tradicional escola normal perdia o status de "escola" e, mesmo, de "curso", diluindo-se numa das muitas habilitações profissionais do ensino de segundo grau, a chamada Habilitação Específica

para o Magistério (HEM). Desapareciam os Institutos de Educação e a formação de especialistas e professores para o curso normal passou a ser feita exclusivamente nos cursos de Pedagogia.

Da mesma forma que a formação do professor unidocente mudou ao longo do tempo, acompanhando essa mudança, paralelamente a ela caminhou o currículo escolar. Norteado por documentos estatais e seus contextos históricos, o currículo também passou a ser objeto de estudo de pesquisadores das várias licenciaturas. Em suas reflexões sobre o currículo, Sacristán (2013, p. 17) esclarece o que ele considera algo evidente, "é aquilo que o aluno estuda", porém, com "potencial regulador", imposto pela escola aos professores e seus alunos.

> De tudo aquilo que sabemos e que, em tese, pode ser ensinado ou aprendido, o currículo a ensinar é uma seleção organizada dos conteúdos a aprender, os quais, por sua vez, regularão a prática didática que se desenvolve durante a escolaridade. (SACRISTÁN, 2013, p. 17).

Compreendendo que todo projeto de formação docente é um projeto político, "sempre que reformas educacionais são instituídas, programas de formação são reestruturados e atualizados" (NUNES; SIMONINI, 2008, p. 163). Desde a implantação da Lei de Diretrizes e Bases da Educação Nacional (LDBEN) nº 9.394, de 1996, o cenário tem se modificado de maneira positiva para professores dos anos iniciais e da educação infantil, porque essa lei determinou que a formação superior para esses professores seria obrigatória (BRASIL, 1996).

Positiva, pois de certa forma exigiu que aquela professora que apenas tinha formação no curso de Magistério[1] buscasse novas pos-

---

[1] De acordo com Saviani (2009, p. 147), "O golpe militar de 1964 exigiu adequações no campo educacional efetivadas mediante mudanças na legislação do ensino. Em decorrência, a lei n. 5.692/71 (BRASIL, 1971) modificou os ensinos primário e médio, alterando sua denominação respectivamente para primeiro grau e segundo grau. Nessa nova estrutura, desapareceram as Escolas Normais. Em seu lugar foi instituída a habilitação específica de 2º grau para o exercício do magistério de 1º grau (HEM). [...] O antigo curso normal cedeu lugar a uma habilitação de 2º Grau. A formação de profes-

sibilidades de formação superior, seja no curso de Pedagogia ou no recém-criado Curso Normal Superior, nos anos finais da década de 1990. Seja por força da lei ou por receio de serem excluídos do mercado de trabalho, professores e professoras, nas últimas décadas, graduaram-se em cursos superiores. Nunes e Simonini (2008, p. 165) reiteram que:

> O fato de esses docentes voltarem às salas de aula ou ingressarem em cursos que possibilitem uma formação menos precária para a profissionalização já é um avanço. Os educadores, pressionados ou não pela reorientação na política da docência, têm conseguido modificar suas práticas pedagógicas, em decorrência de uma nova formação, mais ampla e, até certo ponto, de melhor qualidade.

Independentemente da formação inicial das professoras, espera-se que, ao se deparar com o ensino de História, elas demonstrem entendimento sobre o conhecimento histórico ou que minimamente se interessem em aprender o que, porventura, tenha ficado falho em seu processo de formação.

Neste ínterim, a presente obra surge com o objetivo principal, a tentativa de compreender como se dá o ensino de História Local nos anos iniciais do ensino fundamental, tendo em vista a prática dos professores unidocentes em escolas públicas do Município de Ponta Grossa, bem como perceber qual o significado e/ou a importância que os professores dos anos iniciais dão ao ensino da História Local e, desta forma, reconhecer possíveis necessidades e carências trazidas pelos professores ao se trabalhar com a temática da História Local.

1.2 O ENSINO DE HISTÓRIA REGIONAL E LOCAL: ALGUNS CONCEITOS

Certa vez, fui questionada de uma forma muito sagaz por um aluno dos anos iniciais, que objetivamente indagou: "Tia Elaine, não sei por que temos que estudar (ou aprender) sobre essas histórias

---

sores para o antigo ensino primário foi, pois, reduzida a uma habilitação dispersa em meio a tantas outras, configurando um quadro de precariedade bastante preocupante".

que aconteceram tão longe daqui". Não me recordo da resposta dada a ele, mas o questionamento ficou guardado na memória. Imagino que, devido à falta de experiência e de conhecimento na época, não soubesse mesmo qual resposta dar ao menino. Porém, foi partindo desse questionamento totalmente pertinente para uma criança nos seus 8 ou 9 anos que busquei encontrar uma resposta para esse aluno, mesmo que tardiamente, e para outras professoras que talvez tenham tido essa ou outras perguntas muito mais perspicazes para responder.

É perceptível que pouco se discute a respeito da História Local dentro do espaço escolar do ensino fundamental. Segundo Menin (2015), é necessário que a criança dos anos iniciais, especialmente, seja levada a compreender que o conhecimento histórico não é algo acabado, e sim algo que está em constante construção. Para a autora:

> [o] trabalho com a História Local permite trabalhar com fontes que pertençam ao cotidiano, o qual pode ser um instrumento de análise plural, levando em conta as particularidades, sem cair na homogenei- zação que silencia as características de um lugar. (MENIN, 2015, p. 22).

A forma como a História Local é trabalhada nos anos iniciais, por um lado, pode favorecer a compreensão da criança sobre as questões de temporalidade, mas também pode colaborar para que isso não ocorra, caso ela seja trabalhada visando a uma sequência de datas ou desconectada de outras questões históricas gerais.

Também encontramos em Schimidt (2007, p. 189), a afirmação de que a "História Local foi valorizada também como estudo do meio, ou seja, como recurso pedagógico privilegiado [...] que possibilita aos estudantes adquirirem, progressivamente, o olhar indagador sobre o mundo de que fazem parte". Assim como afirmam Santos e Cainelli (2014, p. 163), em sua pesquisa sobre a História Local na formação da consciência histórica dos alunos do ensino fundamental:

> A relação existente entre o estudante e o fato, por consequência da proximidade, torna o ensino de História Local com um fator de relevância signifi-

cativa no que diz respeito ao ensino da disciplina de História. No entanto, cabe frisar que não se pretende por ora desta proposta, fragmentar o ensino de história, isolando-o do contexto geral da história. Pelo contrário, o que se busca é articular o ensino do local, com o nacional e o global.

A História Local tem a facilidade, portanto, de aproximar a criança e sua realidade histórica por meio da vivência e observação do patrimônio local. Poder viver a história de sua cidade e se perceber como parte dela pode ser muito mais valioso para a construção de seu pensamento histórico e para que essa criança passe a se considerar também como um sujeito histórico.

De acordo com Chaves (2020, p. 14), a "História Local se tornou uma possibilidade de investigação, sobretudo, a partir da Nova História e com a ampliação da visão dos historiadores, bem como das fontes e dos objetos estudados por eles". É exatamente essa ampliação de uso de fontes e objetos que pode fazer com que a História Local se aproxime mais da realidade dos alunos dos anos iniciais: é aquele moedor de carne que sua avó usava quando morava na fazenda ou aquela foto que foi tirada da praça quando ainda não existiam muitos prédios na cidade ou, ainda, aquele uniforme escolar que foi usado em sua escola quando ela foi fundada. São as aproximações que farão com que o aluno perceba-se como parte da história e não a veja como algo distante e em um lugar ao qual ele não pertence.

Faz-se necessário, em se tratando da História Local, que se definam alguns conceitos e sentidos de sua aplicação em sala de aula. Toledo (2010), ainda em tempos de Parâmetros Curriculares Nacionais (PCN), considerava que a História Local seria o "núcleo dos estudos históricos" das crianças nessa fase escolar e que o professor seria o "intermediador entre a pesquisa e ensino" das questões locais e seus alunos. A autora considera que:

> A história local, visível como proposta para o ensino de História e aceita em boa medida entre os envolvidos com o tema, pode permitir romper

> com a história tradicional e superar, em qualidade de saber histórico, os Estudos Sociais, uma vez que permite romper com a prática de transposição de conteúdos pré-estabelecidos para o estudo regulado do passado nacional. Entende-se, no entanto, que a História Local carece de estudos acadêmicos mais especificamente voltados para esse "tipo" ou "abordagem" da escrita da história e para a compreensão de como se relaciona teoricamente com o ensino escolar. (TOLEDO, 2010, p. 745).

Mas qual seria o sentido da História Local? Muitos pesquisadores, como Bittencourt (2004), Schimidt e Cainelli (2005) e Santos (2002) trazem alguns questionamentos, tratando a História Local como "história do lugar", quando se relaciona com o aspecto regional, mas também a consideram "estratégia ou método de ensino", quando articulados na historiografia nacional.

Toledo (2010, p. 748) também elenca a importância de não considerar o uso da História Local apenas como "justificativa pedagógica":

> A importância dada ao aspecto operacional a essa perspectiva de ensino traz para o centro do debate questões de investigação histórica, os campos de conhecimentos em história e suas relações com o ensino escolar. Isso porque, no ato pedagógico (aparentemente simples) de localizar, selecionar fontes, por exemplo, cruzam-se vários saberes referentes, quer ao trabalho com o arquivo, quer às técnicas de leitura, à análise e interpretação dessas fontes; ação que suscita debate e investigação, já que exige "selecionar" com base em critérios teóricos e metodológicos válidos para esse campo de conhecimentos. Essa interdependência de saberes e práticas sugere que é importante desenvolver teóricos e metodológicos válidos para esse campo de conhecimentos. Essa interdependência de saberes e práticas sugere que é importante desenvolver reflexões que incorporem estudos para além da "justificativa pedagógica" do uso escolar da história local.

Ao refletir sobre o "ato pedagógico", a autora traz para cena a realidade do professor dos anos iniciais e todo o seu esforço de busca e análise de fontes que colaborem diretamente com a intencionalidade de sua prática. Mas fica o questionamento: até que ponto existe a consciência, por parte dos professores, da necessidade de todo esse processo de "seleção" de fontes? Ou, ainda, ao se tratar de História Local, qual a visão que os professores têm dela, quando inserida num currículo mais amplo da disciplina de História? Professores dos anos iniciais carecem, portanto, de conceitos e definições, para que se tenha a clareza de qual sentido de História Local irão apropriar-se e ensinar.

Samuel (1990, p. 237), no texto "História Local e História Oral", afirma que "a História Local não se escreve por si mesma, mas, como qualquer outro tipo de projeto histórico, depende da natureza da evidência e do modo como é lida". Essa ideia colabora com as questões pontuadas por Toledo, pois enfatiza a importância do papel do professor ao compreender essa história e optar por esta ou aquela fonte. Chaves (2020) complementa falando da necessidade de o historiador local ter certa "sensibilidade", pois os acontecimentos locais normalmente vêm "permeados por relações pessoais" e tais relações poderão interferir na ação do historiador ao selecionar, ler e interpretar as fontes.

Goubert (1988, p. 71), no texto clássico "História Local", analisa a realidade francesa e traz a seguinte definição para História Local: "Denominaremos História Local aquela que diga respeito a uma ou poucas aldeias, a uma cidade pequena ou média [...] ou uma área geográfica que não seja maior do que a unidade provincial comum". O autor explica, no decorrer de seu texto, como a História Local, no caso francês, passou de uma história que se definia em "um emaranhado de genealogias oportunistas, glórias usurpadas e afirmações infundadas" (GOUBERT, 1988, p. 71) para uma história com interesse no social, ou seja, "a história da sociedade como um todo, e não somente daqueles poucos que, felizes, a governavam, oprimiam e doutrinavam, pela história de grupos humanos algumas vezes denominados ordens, classes, estados" (GOUBERT, 1988, p.

73). O autor também pondera sobre a questão da "abundância de fontes" com as quais o historiador local se depara, sendo esse ponto um fator positivo para a escrita historiográfica.

No caso francês, trazido por Goubert, vale uma atenção especial ao fato de que a História Local mudou sua perspectiva, inspirada especialmente pela criação da Escola dos Annales, trazendo um ponto de vista crítico a uma história tradicional e elitista:

> Crítica severa das ideias tradicionais e preconceitos elitistas, essa escola chamou atenção para novos grupos sociais e promoveu felizes associações interdisciplinares de historiadores e estudiosos de economia, psicologia, biologia e demografia. Essa nova geração, talentosa o suficiente para se fazer notar, foi quem possibilitou a recuperação dos estudos históricos a partir de novos métodos e ideias. (GOUBERT, 1988, p. 78).

Donner (2012) menciona que a História Local, em seus primórdios ocidentais, é encontrada em muitas monografias e livros que retratam genealogias e histórias familiares e esses textos são representantes das primeiras tentativas de se entender (ou meramente mostrar) o local e o cotidiano de muitos feudos e condados europeus. A autora reforça o posicionamento de Goubert, quando afirma que:

> A História Local acadêmica, devedora dos Annales e das novas correntes historiográficas do século XX contribui ao escapar de ser uma mera comprovação da História Geral e buscar, através dos estudos regionais, compreender como o processo se desenvolveu para aquelas pessoas, que soluções elas encontraram para seus problemas cotidianos. (DONNER, 2012, p. 223).

Nesse contexto, categorizando a *Princesa* como livro que trata especificamente da história e geografia de Ponta Grossa, pode-se criar uma hipótese que justifique seu uso ainda nos dias de hoje. Donner (2012, p. 223) reflete sobre esse "alcance dos livros de história dos municípios", pois tal material é tratado como um "manual utilizado em escolas para relembrar festas, datas comemorativas e mitos de fundação da cidade". De acordo com a autora, "este material torna-se um espaço para formação de identidades e memórias coletivas" (DONNER, 2012, p. 223).

Não é difícil constatar, no caso ponta-grossense, que muitas das obras que trazem temas ou recortes da história da cidade são de autoria de memorialistas[2]. A própria lenda das pombinhas pode ser encontrada em obras como *Os pombinhos do deus Tupã*, lenda da fundação de Ponta Grossa (2003), do autor Fernando Vasconcelos, que retrata de maneira poética o mito de fundação da cidade.

Tais autores têm sua importância no cenário local, pois, como muitos têm contato direto com as fontes, mesmo produzindo obras de cunho literário e pessoal, trazem à tona memórias dessa comunidade que muitas vezes poderão despertar o interesse dos alunos dos anos iniciais. Relatar histórias do passado, ainda que fantasiosas do ponto de vista acadêmico, pode suscitar nos alunos, mediados pelos professores, questionamentos dos mais diversos a respeito de tais fontes. Estimular a argumentação e a criação de hipóteses, nesse caso, é essencial para que fantasia e realidade se distingam.

Fonseca (2009, p. 119), em suas pesquisas sobre ensino de História nos anos iniciais, realizadas em 1992 e 2003, conseguiu caracterizar algumas dificuldades recorrentes ao se trabalhar com a História Local:

- A fragmentação rígida dos espaços e tempos estudados [...]. O bairro, a cidade, o Estado são vistos, muitas vezes, como unidades estanques, dissociados do resto do país ou do mundo.
- A naturalização e ideologização da vida social e política da localidade [...].
- O espaço reservado ao estudo dos chamados aspectos políticos [...] a região tem um destino linear, evolutivo,

---

[2] Segundo Donner (2012), os memorialistas não produzem História, mas, sim, memórias, pois seus trabalhos não seguem métodos e procedimentos próprios do saber acadêmico.

pautado pela lógica dos vultos, de heróis, figuras políticas, pertencentes às elites locais ou regionais, que "fizeram o progresso" da região.

- As fontes de estudo, os documentos disponíveis aos professores, em geral, são constituídos de dados, textos, encartes, materiais produzidos pelas prefeituras [...]. Assim professores e alunos, muitas vezes tem como fontes de estudo evidências que visam à preservação da memória de grupos da elite local.

A autora defende, mesmo diante das dificuldades, os estudos de história local na educação básica obrigatória, pois "o local e o cotidiano da criança e do jovem constituem e são constitutivos de importantes dimensões do viver – logo, podem ser problematizados, tematizados e explorados em sala de aula" (FONSECA, 2009, p. 125). Ou seja, será nas aulas de História que os alunos terão contato com uma diversidade de costumes, culturas e memórias de sua localidade, e cabe ao professor, como conclui a autora, ter "o papel de junto com os alunos auscultar o pulsar da comunidade, registrá-lo, produzir reflexões e transmiti-lo a outros" (FONSECA, 2009, p. 125). A escola e as aulas de História são lugares de memória, da história recente, imediata e distante.

1.3 A CRIANÇA DO ENSINO FUNDAMENTAL ANOS INICIAIS

É sabido que a questão temporal para a criança de até 10 anos de idade pode ser um agravante na disciplina de História, tendo em vista o entendimento dela sobre o tempo histórico. O tempo, para essa criança, ainda reflete sua vivência, sua experiência em um passado próximo e suas relações, por vezes não tão diretas com seu passado familiar ou de sua comunidade. Siman (2003, p. 125) confirma isso ao dizer que "[...] na medida em que oferecemos às crianças oportunidades de tomada de consciência da historicidade da própria vida – e de seu grupo de vivência – é que ela estará se iniciando no desenvolvimento do pensamento histórico".

De acordo com Lima e Cavalcante (2018, p. 6), é importante que os alunos "compreendam a História como um produto das ações humanas situadas num determinado tempo e espaço" e que eles se percebam como parte ativa na produção da história. Ou seja, que se vejam como sujeitos históricos e que essa produção também se dê em meio ao cotidiano, em seus espaços e lugares de convivência.

Na apresentação da área de Ciências Humanas na nova Base Nacional Comum Curricular (BNCC), o texto reforça a ideia da vivência do aluno como facilitador da aprendizagem em História:

> Nesse período, o desenvolvimento da capacidade de observação e de compreensão dos componentes da paisagem contribui para a articulação do espaço vivido com o tempo vivido. O vivido é aqui considerado como **espaço biográfico**, que se relaciona com as experiências dos alunos em seus lugares de vivência. (BRASIL, 2018, p. 353, grifo do original).

Luporini e Urban (2015, p. 13) afirmam que "o diálogo envolvendo o ensinar e aprender História compreende o conhecimento e análise das ideias históricas de alunos e professores", no entanto, adentrar o universo "histórico" de tais sujeitos pressupõe fazer uso de estratégias que, de alguma forma, colaboram para o entendimento dessas ideias. Não é algo fácil. Quando se tem a intenção de buscar respostas, em um campo subjetivo, como o de ensinar e aprender, é preciso levar em conta uma série de singularidades que desenham cada professor e cada aluno.

Durante sua trajetória escolar, a criança se depara com inúmeras situações que a fazem pensar sobre o tempo, seja ele o cronológico ou o histórico: quando a professora estabelece uma rotina, ou quando aprende a usar o calendário e o relógio, ou quando traz objetos antigos para montar uma pequena exposição em sala de aula, por exemplo. Mas também carrega consigo uma noção de tempo estabelecida em seu ambiente familiar, quando pergunta para seus avós qual era a brincadeira favorita deles quando criança ou quando relembra uma viagem que foi feita em família, bem como alguma situação desagradável que tenha gerado uma lembrança não muito boa.

Cada criança que adentra nos anos iniciais do ensino fundamental traz consigo vivências sociais que irão colaborar (ou não) com o ensino de História no ambiente escolar. Scaldaferri (2008) traz uma reflexão importante sobre como essa noção de tempo pode se construir nos sujeitos. A autora toma por base os estudos de Vygotsky, na perspectiva de que tal conceito pode se transformar com o passar do tempo e das relações sociais:

> A formação do conceito de tempo, assim como a de outros conceitos, é também uma aquisição pessoal. Cada um irá construí-lo *de* acordo com a sua vida social e cultural. Os significados que o indivíduo atribui a um vocábulo, objeto, acontecimento ou fenômeno vai depender de sua experiência, dos conhecimentos que ele adquiriu a partir de suas vivências nas relações socioculturais e da mediação do processo de ensino e aprendizagem. Vygotsky nos traduz claramente que a aprendizagem é um processo sócio-histórico, mediado pela cultura, pela interação entre a criança e seus pares e pela ação impulsionadora da escola. (SCALDAFERRI, 2008, p. 56, grifo do original).

Por fim, ela reitera que: "É preciso que as atividades escolares favoreçam a compreensão da noção de tempo em suas variadas dimensões, ou seja, o tempo natural cíclico, o tempo biológico, o tempo psicológico e o tempo cronológico" (SCALDAFERRI, 2008, p. 56).

A intencionalidade da ação didática em História nos anos iniciais será essencial para que a criança comece a se perceber como sujeito histórico, que participa da história, que possui uma história e que compreende a ação do homem na sociedade com o passar do tempo. Para tanto, pensar que o aluno ou a aluna, por menos idade que tenha, seja capaz apenas de memorizar datas sem sentido algum ou decorar nomes de pessoas importantes de sua cidade é desmerecer a infância em toda a sua esfera cognitiva.

Bergamaschi (2000, p. 2) faz uma crítica ao expor esse formato de ensinar história às crianças dos anos iniciais:

> Observando o que é oferecido nas escolas como conhecimentos históricos para as séries iniciais, evidencia-se como prática recorrente o desenrolar de datas comemorativas. O ensino de História assume uma perspectiva que se resume em festejar datas num desfile linear, anacrônico e sem significado, ao lembrar fatos do passado de forma descontextualizada e sob um único viés, decorrente da atuação épica de personagens, reverenciados como "heróis", e que figuram como seres sobrenaturais. É a escola contribuindo para canonizar uma verdade, naturalizar uma narrativa, onde não cabe a multiplicidade e nem tampouco a vida das pessoas que a estudam.

É essencial portanto, que professores dos anos iniciais estejam disponíveis para ouvir seus alunos e alunas. Que os considerem como parte da História e não somente como sujeitos passivos que não são capazes de questionar, argumentar, criar hipóteses. Ensinar a pensar sobre o tempo requer dos professores que também tenham tais habilidades e esta, com certeza não é uma tarefa fácil, assim como afirma Miranda (2013, p. 40), "A aprendizagem do Tempo, desde que observemos e auscultemos atentamente a voz de nossas crianças e jovens, apresenta-se como um mistério desafiador e muito mais difícil do que pode parecer à primeira vista".

CAPÍTULO 2

O ENSINO DE HISTÓRIA LOCAL NO MUNICÍPIO DE PONTA GROSSA: UM BREVE PANORAMA DAS PRÁTICAS DOCENTES

2.1 ELABORAÇÃO E APLICAÇÃO DO QUESTIONÁRIO

Na tentativa de sanar as dúvidas que surgiram durante a elaboração da problemática central da pesquisa, que seria o ensino de História Local nos anos iniciais no município de Ponta Grossa, foi pensado em um instrumento que desse voz às professoras. Assim, possibilitar-se-ia o surgimento de uma série de hipóteses que responderiam às questões da pesquisa.

Em um primeiro momento, pensou-se na entrevista estruturada (COSTA, 2020), porém, mesmo tendo as vantagens de uma coleta de dados mais precisa e de uma flexibilidade maior na forma de aplicação, o fator do tempo se contrapôs. Para entrevistar um número considerável de professoras, teria que se ter uma disponibilidade de tempo muito grande, tanto da pesquisadora quanto das entrevistadas. Portanto, essa primeira opção ficou inviável.

Por conta da inviabilidade de se fazer entrevistas presenciais, optou-se pela elaboração de um questionário, o qual seria entregue em algumas escolas da rede municipal da cidade, para professoras que atuassem preferencialmente em turmas de 3º, 4º e 5º anos do ensino fundamental. Definido o instrumento, o próximo passo seria a elaboração das questões a serem respondidas.

Alguns fatores essenciais foram levados em consideração na elaboração das questões:

a. mesmo sendo uma pesquisa sobre ensino de História, foi necessário ressaltar que a grande maioria das professoras atuantes nos anos iniciais não possui formação específica em História (licenciatura ou bacharelado), e sim nos cursos de Formação de Docentes a nível médio ou nas graduações de Pedagogia[3] ou Normal Superior;

b. o sistema educacional municipal de Ponta Grossa estava passando por uma transição curricular e metodológica, por conta dos direcionamentos trazidos pela nova BNCC. Durante o ano de 2019, no qual o questionário foi aplicado, estava sendo debatido e construído o novo Referencial Curricular Municipal (PONTA GROSSA, 2020). Até 2018, o currículo municipal era orientado por meio das Diretrizes Curriculares Municipais (PONTA GROSSA, 2015), sendo a última versão atualizada no ano de 2015;

c. mesmo sendo direcionado às professoras atuantes no 3º, 4º e 5º anos, devido aos conteúdos de História Local estarem especificamente definidos para essas séries, o questionário também poderia ser respondido por qualquer professora que já tivesse lecionado a disciplina de História em algum momento de sua trajetória profissional.

Mediante conversa com o setor responsável da Secretaria Municipal de Educação, foi autorizada a entrada da pesquisadora em algumas escolas de ensino fundamental, sendo o critério de escolha das escolas a disponibilidade da equipe gestora em contribuir com a pesquisa, repassando os questionários às professoras de cada unidade. As escolas que contribuíram na aplicação do questionário, foram:

1. Escola Municipal Prof.ª Ana de Barros Holzmann
2. Escola Municipal Prof.ª Armida Frare Grácia
3. Escola Municipal Deputado Djalma de Almeida Cesar
4. Escola Municipal Prof.ª Guitil Federmann
5. Escola Municipal Prof.ª Plácido Cardon

---

[3] Fato este que se comprovou após a aplicação do questionário.

6. Escola Municipal Prof.ª Sebastião dos Santos e Silva
7. Escola Municipal Prof.ª Zahira Catta Preta Mello

Os objetivos da pesquisa foram repassados para as equipes gestoras das escolas, as quais receberam prontamente a proposta, colocando-se à disposição da pesquisadora. Todas se dispuseram a auxiliar na aplicação dos questionários, bem como recolhê-los após serem respondidos.

Sobre a elaboração das questões, pensou-se primeiramente em traçar um perfil das professoras entrevistadas, conhecendo um pouco de sua formação e trajetória profissional. Na sequência, foram propostas questões que abordaram o conhecimento das professoras acerca do conteúdo dos novos Referenciais Curriculares Municipais, principalmente sobre o componente de História.

Foram questionadas também sobre o uso de materiais didáticos, as metodologias utilizadas em sala de aula e sobre a utilização de fontes históricas, nesse caso, especificamente nas aulas de História. A temática da História Local foi abordada em alguns momentos pontuais: a questão 8 versava sobre o uso de materiais didáticos nas aulas com conteúdos de História Local; a questão 9, mediante uma lista de conteúdos específicos de História Local, pedia que as professoras os classificassem em relação à dificuldade ou facilidade de trabalhá-los em sala de aula; a questão 11 abordou em que momento de sua formação a temática da História Local aparece; e, por fim, a questão 12 tentou perceber a importância que as professoras dão a esta temática.

Cerca de dois meses após a aplicação dos 105 questionários entregues, 58 retornaram preenchidos. Pautada, portanto, nas respostas de 58 professoras da rede pública municipal, a análise que segue ponderará sobre a temática do ensino de História voltado aos anos iniciais. Busca-se compreender como se dá o ensino de História Local nessa etapa da educação básica, bem como indicar as possíveis fragilidades e potencialidades da ação docente, especificamente no município de Ponta Grossa.

2.2 ANÁLISE DOS DADOS

A versão final do questionário contou com um total de 14 questões, sendo nove fechadas e cinco abertas. Foram categorizadas de acordo com as seguintes temáticas: perfil profissional, formação inicial e continuada, práticas pedagógicas, ensino de História e História Local.

A proposta de análise do questionário visa a uma reflexão tanto pelo viés quantitativo quanto pelo qualitativo, tendo em vista a diversidade das categorias e o formato das questões. De acordo com Ferreira (2015, p. 7), "Tanto a abordagem qualitativa, quanto a quantitativa, dentro de suas especificidades, servem como base de apoio para a análise de dados". O autor ainda ressalta que, fazendo uso das duas abordagens, especialmente dentro da área das humanidades, tal união poderá agir como um facilitador a análise dos dados.

> Cabe ao pesquisador escolher quais abordagens teórico-metodológicas podem dar uma maior contribuição, para se alcançar os resultados pretendidos. A combinação, portanto, de metodologias distintas favorece o enriquecimento da investigação. Assim sendo, o concerto dessas abordagens, garante uma complementariedade necessária neste intenso e persistente trabalho de análise do objeto de estudo. (FERREIRA, 2015, p. 7).

Os resultados obtidos na pesquisa buscam, portanto, travar um diálogo entre os estudos na área do ensino de História e História Local e a realidade ponta-grossense relatada pelas professoras dos anos iniciais. Essa proposta dialógica entre a teoria e a prática possibilitará uma série de reflexões sobre o ensino de História nos anos iniciais, pautadas na vivência docente e nas várias pesquisas realizadas na área de História e formação de professores.

A análise das questões não segue a ordem presente no questionário. Optou-se em ordená-las conforme o surgimento de temáticas que se conversassem conforme a necessidade, complementando, assim, posicionamentos e possibilidades de uma reflexão mais profunda sobre elas.

2.2.1 Perfil das professoras entrevistadas

A primeira questão proposta no questionário tinha como objetivo definir um perfil das professoras entrevistadas. Procurava-se levantar dados sobre seu tempo de experiência, faixa etária e última formação. No primeiro item, que se referia ao tempo de experiência, constatou-se que 62% das entrevistadas possuem 15 anos ou mais trabalhados e estão na faixa etária entre 41 e 50 anos (Gráficos 1 e 2). No segundo item, 60% respondeu que sua última formação foi a nível de especialização, e apenas 1,7% possui formação em nível stricto sensu, conforme se observa no Gráfico 3.

Gráfico 1 – Tempo de experiência

Fonte: a autora

Gráfico 2 – Faixa etária

Fonte: a autora

Gráfico 3 – Última formação

Fonte: a autora

Na tentativa de analisar esse perfil, relacionando o tempo de serviço e a faixa etária das professoras, nota-se um grupo experiente, que provavelmente se encontra em uma fase profissional que entra em seus anos finais. Isso no sentido de ter alcançado níveis mais altos no plano de carreira do município, levando em consideração, obviamente, o tempo mínimo de 25 anos para aposentadoria do professor.

Ainda, tomando por medida a questão da faixa etária do grupo de professoras, existe uma grande possibilidade de que a maioria tenha frequentado o curso de Magistério (atual Formação de Docentes) a nível médio e, posteriormente, tenha concluído a graduação. No questionário não foi abordada a formação inicial, optou-se por perguntar somente qual era a última formação, justamente para termos um parâmetro quanto à necessidade de as professoras darem continuidade à formação após a graduação.

Saviani (2009) faz algumas reflexões pertinentes a esse processo de formação de professores para os anos iniciais. O autor fala de oportunidades e riscos da formação a nível superior para esses professores, pois entende que a qualidade da prática docente estará extremamente atrelada à estrutura do curso de graduação:

> Com efeito, por um lado, a elevação ao nível superior permitiria esperar que, sobre a base da cultura geral de base clássica e científica obtida nos cursos de nível médio, os futuros professores poderiam adquirir, nos cursos formativos de nível superior, um preparo profissional bem mais consistente, alicerçado numa sólida cultura pedagógica. Por outro lado, entretanto, manifesta-se o risco de que essa formação seja neutralizada pela força do modelo dos conteúdos culturais-cognitivos, com o que as exigências pedagógicas tenderiam a ser secundarizadas. Com isso, esses novos professores terão grande dificuldade de atender às necessidades específicas das crianças pequenas, tanto no nível da chamada educação infantil como das primeiras séries do ensino fundamental. (SAVIANI, 2009, p. 150).

Quanto ao processo de formação dos professores dos anos iniciais, de modo geral, relembre-se aqui, brevemente, as modificações propostas na LDBEN 9.394/96, a qual trazia a obrigatoriedade da formação em nível superior dos professores de educação infantil e anos iniciais (BRASIL, 1996). Com essa exigência legal, foi criado o Curso Normal Superior, com o intuito de atender a uma demanda de graduação de professores que possuíam apenas o chamado ensino técnico, no curso de Magistério.

Nessa questão foi possível observar que um número mínimo das professoras entrevistadas buscou uma formação em nível stricto sensu. Apenas 1,7%, ou seja, apenas uma das 58 entrevistadas possui doutorado em Educação. Qual seria, nesse caso, a falta de interesse ou motivação de buscar uma formação mais específica na área educacional? Ou seria uma falta de oportunidades em tentar uma pós stricto sensu? Percebe-se uma grande maioria com formação em nível de especialização, todavia, os cursos mais citados no questionário foram os de Psicopedagogia e Gestão Escolar. É possível traduzir isso como uma preocupação com o processo de aprendizagem dos alunos ou uma necessidade de se compreender os tantos distúrbios de aprendizagem que acarretam uma boa parte de nossos alunos? Ou, quem sabe, buscar a área da gestão para atuar na esfera administrativa na escola? Ou, ainda, uma oportunidade de elevação de nível no plano de carreira?

Sobre essa busca de profissionalização docente, Nunes e Simonini (2008, p. 165) reiteram que "uma parcela significativa dos professores procura os cursos superiores de formação profissional apenas para não ser excluída do mercado de trabalho ou, então, para obter promoção na carreira".

Mas, voltando a nosso objeto, o ensino da História Local, o que ficou claro em todas as questões que abordavam a formação dessas professoras é que em nenhum momento foi relatada qualquer intenção de se buscar alguma formação específica na área de História.

Tentando traçar um panorama de como e onde, dentro da formação de cada professora, o ensino de História Local (nesse caso, especificamente a história do Município de Ponta Grossa) foi contemplado, elaborou-se uma questão na qual as docentes relatariam se em algum momento de sua formação essa temática foi abordada ou não.

2.2.2 O ensino de História Local na graduação das entrevistadas

A seguinte pergunta foi feita às professoras: "Em relação aos conteúdos específicos sobre a História Local (história do município de Ponta Grossa), em qual momento de sua formação (curso de magistério ou formação de docentes, graduação ou na formação continuada) você teve conteúdos ou disciplinas que tratassem exclusivamente sobre a história do município?".

Gráfico 4 – Formação em História Local

Fonte: a autora

Observando o gráfico em questão (Gráfico 4), percebe-se que cerca de 56% das professoras relatam que não tiveram formação em História Local; 32% afirmou ter uma formação parcial; e apenas 10% afirmou que em algum momento de sua formação o conteúdo de História Local foi abordado. Cabe um adendo a essa questão: somente duas das professoras entrevistadas afirmaram possuir graduação em História.

Para uma simples reflexão, traz-se aqui, como exemplo, dois cursos comumente buscados pelos professores dos anos iniciais na cidade de Ponta Grossa: o curso de formação de docentes, proposto pelo Governo do Estado do Paraná, sendo a matriz vigente aprovada pelo Parecer 948/2014 do Conselho Estadual de Educação (CEE), no qual a disciplina de Metodologia de História é contemplada com apenas 2h/aula semanais no último ano do curso (PARANÁ, 2014); e a licenciatura em Pedagogia, ofertada pela UEPG, na disciplina

Fundamentos Teóricos e Metodológicos da História, a qual possui uma carga horária de 68h/aula durante todo o curso, para acadêmicos que entraram no curso a partir de 2013 (UEPG, 2020).

No que se refere à abordagem da disciplina de Fundamentos Teóricos e Metodológicos da História, do curso de licenciatura de Pedagogia, mesmo tendo uma carga horária consideravelmente pequena, percebe-se que ela pretende contribuir na área de ensino de História, trazendo as especificidades do estudo de História na educação infantil e nos anos iniciais do ensino fundamental. Obviamente, como ambos os cursos têm por objetivo a formação integral do professor dos anos iniciais, compreende-se, portanto, a necessidade de fragmentar as áreas do conhecimento em disciplinas específicas.

Analisamos estas situações pontuais sobre as disciplinas que formam o professor de História dos anos iniciais, tratadas brevemente nos parágrafos anteriores. Soma-se a elas as propostas curriculares nacionais, desde a criação do Parâmetros Curriculares Nacionais em 1996, até o que se encontra posto como habilidades na nova Base Nacional Comum Curricular de 2017. Percebe-se que o resultado de tal soma não é o que se espera ou o que se deveria esperar.

No trecho do texto introdutório da nova BNCC, que explica em linhas gerais as habilidades propostas para os anos iniciais na área de História, nota-se sua amplitude e importância para a formação do pensamento histórico nos alunos deste segmento:

> Retomando as grandes temáticas do Ensino Fundamental – Anos Iniciais, pode-se dizer que, do 1º ao 5º ano, as habilidades trabalham com diferentes graus de complexidade, mas o objetivo primordial é o reconhecimento do "Eu", do "Outro" e do "Nós". Há uma ampliação de escala e de percepção, mas o que se busca, de início, é o conhecimento de si, das referências imediatas do círculo pessoal, da noção de comunidade e da vida em sociedade. Em seguida, por meio da relação diferenciada entre sujeitos e objetos, é possível separar o "Eu" do "Outro". Esse é o ponto de partida. No 3º e no 4º ano contemplam-se a noção de lugar em que se vive e as dinâmicas em

> torno da cidade, com ênfase nas diferenciações entre a vida privada e a vida pública, a urbana e a rural. Nesse momento, também são analisados processos mais longínquos na escala temporal, como a circulação dos primeiros grupos humanos. Essa análise se amplia no 5º ano, cuja ênfase está em pensar a diversidade dos povos e culturas e suas formas de organização. A noção de cidadania, com direitos e deveres, e o reconhecimento da diversidade das sociedades pressupõem uma educação que estimule o convívio e o respeito entre os povos. (BRASIL, 2018, p. 402).

Onde é possível visualizar o ensino da História Local nos documentos citados? Tanto na proposta do curso de Pedagogia quanto no de Formação de Docentes não se objetiva o "o que ensinar", e sim o "como ensinar". Pensando por esse viés, existe uma abertura muito grande para temáticas que envolvam a História Local, ou especificamente a história do município. Nas habilidades propostas na nova BNCC, visualiza-se a História Local quando se cogita a ampliação da escala de percepção da criança, partindo de seu reconhecimento no meio familiar e posteriormente na comunidade em que vive.

> A História Local pode ter um papel decisivo na construção de memórias que se poderão inscrever no tempo longo, médio ou curto, favorecendo uma melhor relação dos alunos com a multiplicidade da duração. O local e o cotidiano da criança e do jovem constituem e são constitutivos de importantes dimensões do viver – logo, podem ser problematizados, tematizados e explorados no dia a dia da sala de aula, com criatividade, a partir de diferentes situações, fontes e linguagens. (FONSECA, 2009, p. 125).

Grosso modo, refletindo sobre as habilidades elencadas na BNCC e o que se espera do ensino de História nos anos iniciais, nota-se que a soma não fecha o total esperado: um componente curricular com uma densidade de conteúdos considerável e um tempo de formação que provavelmente não seja suficiente para contemplar tais conteúdos.

Obviamente é primordial, em um curso de formação de professores, focar o "como ensinar", porém, não se deve relegar o que é ensinado. É nesse contexto, para questionar de que forma a História Local e Regional aparecem nas práticas das professoras dos anos iniciais, que se pensou em uma questão que abrangesse conteúdos trabalhados nesses anos e que se encontram listados nas Diretrizes Curriculares para o Ensino Fundamental do Município de Ponta Grossa de 2015 e nos novos Referenciais Curriculares de 2019 (os quais foram estruturados dentro dos parâmetros da nova BNCC).

2.2.3 Dificuldades nos conteúdos sobre História Regional e Local

Quando a questão 9 foi pensada e elaborada, ela tinha como intenção verificar quais dos conteúdos específicos, dentro da História Regional e Local (Paraná e Ponta Grossa), as professoras apresentaram dificuldades para trabalhar em sala ou, se entre eles, elas também demostravam facilidade em tratar dos temas.

A proposta era numerar em uma lista de 10 assuntos em quais deles elas possuíam mais facilidade e mais dificuldades. Foi pedido que colocassem o número 1 para aquele conteúdo que tivesse maior facilidade, seguindo na sequência até chegar ao 10, que representaria aquele que seria o tema de maior dificuldade. Porém, talvez por uma escolha de palavras não muito precisas no momento de redigir o enunciado, gerou-se uma dupla interpretação por parte das professoras, o que levou à necessidade de reorganizar e categorizar as respostas da questão 9 em dois formatos.

A questão foi dividida em dois blocos, de acordo com a forma como as professoras a responderam, numerados como 9.1 e 9.2. No primeiro bloco de questionários, foram selecionadas 17 respostas, no segundo, 37, totalizando 54 respostas de um total de 58. Quatro professoras não responderam a essa questão.

As respostas do bloco 9.1 foram assinaladas conforme nossa intenção no enunciado, ou seja, numerar os conteúdos de 1 a 10, sendo número 1 aquele que teria maior facilidade. Alguns números destacaram-se nesse primeiro bloco, referente ao conteúdo "A história do município (fundação e tropeirismo)", 52,9% das respostas foram assinaladas com o número 1, considerando-a, portanto, a temática com maior facilidade de se trabalhar em sala. Outro conteúdo que apresentou uma porcentagem considerável foi "Folclore regional", com 47,6% das respostas assinaladas com número 4, considerando-o, portanto, relativamente fácil.

Pensando nessa facilidade em se ensinar sobre a fundação de Ponta Grossa, novos questionamentos surgem neste momento: qual é a ênfase dada à temática da História Local em relação aos demais conteúdos? Esta facilidade gira em torno de informações superficiais e de senso comum sobre a história da cidade? Será que a história ensinada se resume às páginas da *Princesa da Crianças*? Ou pode ser considerada fácil por ser um assunto que as professoras têm domínio? Alguma fonte documental foi explorada? Fonseca (2009, p. 117) também faz questionamentos sobre as possibilidades educativas dentro da História Local:

> Se a história pode ser encontrada, ouvida, lida nos muros, nas ruas, nos quintais, nas esquinas, nos campos, como tem sido esse processo de ensino? Isto nos leva a repensar as relações entre produção e difusão de saberes históricos; entre currículos prescritos e vividos, construídos no cotidiano escolar; entre memória, história e identidade, entre local e global.

Provavelmente não saberemos as respostas a essas questões, tendo em vista as particularidades com que cada professora trabalha a disciplina de História em seu dia a dia e estabelece as prioridades em sua sala de aula. É possível, também, contrapormos esse resultado da questão 9 com os resultados da questão 6, na qual 44,8% das professoras afirmaram ter facilidade em compreender a proposta dos Referenciais Curriculares Municipais, na disciplina de História, porém apresentam dificuldades em colocá-la em prática. Seria um possível contrassenso?

Sobre as dificuldades nos conteúdos, ainda no bloco 9.1, destaca-se aqui a temática "Paraná (origens): chegada dos portugueses ao Brasil; primeiros habitantes do Paraná (indígenas), espaço natural na época, primeiros caminhos, indígenas, nações indígenas paranaenses", que obteve uma porcentagem de 41,1% das respostas assinaladas com o número 7, ou seja, demostrando certa dificuldade em se trabalhar esse conteúdo. Também aparece como dificuldade o trabalho com a temática "Surgimento das cidades", com um total de 52,9% das respostas.

Considerando as dificuldades elencadas pelas professoras, é possível perceber que tais conteúdos "fogem" de uma esfera local e se ampliam para um âmbito maior, no caso, nacional. Então, podemos questionar: essa fragmentação imposta nos currículos, desconectando, nesse caso, a história da cidade da história do Brasil, traz algum resultado positivo na aprendizagem histórica dos alunos? É possível que as professoras percebam que essa fragmentação interfira numa interpretação da realidade local? Fonseca (2009, p. 127) faz considerações importantes sobre esse dilema:

> Uma das dificuldades no estudo da história local, como já mencionado, é a excessiva fragmentação dos espaços, tempos e problemas que acaba dificultando a compreensão dos alunos. Neste sentido, cabem algumas considerações, buscando "fugir às armadilhas". A meu ver, a fragmentação entre o local, o regional, o nacional e até mesmo o universal pode ser evitada na medida em que vários temas possibilitam a análise de diversos níveis e dimensões da realidade: o econômico, o social, o político e o cultural. É possível, por exemplo, trabalhar a singularidade e a universalidade dos problemas sociais de nossas cidades quando comparamos um bairro de periferia das grandes cidades mineiras com um bairro das cidades de outros países da América, Ásia ou África.

Obviamente, deve-se considerar que a formação da professora generalista não abranja, possivelmente, temáticas tão detalhadas sobre a história do Brasil. Entretanto, se nessa formação se tenha tido minimamente discussões sobre a didática para o ensino da História, pressupõe-se que as professoras buscariam fontes adequadas para trabalhá-la de maneira mais ampla.

Agora, tomando por base o outro bloco de respostas dessa mesma questão, o bloco 9.2, tenta-se verificar se facilidades e dificuldades assinaladas por esse outro grupo de professoras tiveram alguma seme-lhança com as respostas levantadas no bloco 9.1. No segundo bloco, foram contabilizadas 37 respostas, respondidas de modo diferente das professoras do bloco 9.1, como sinalizado. Para que tais respostas pudessem ser consideradas parte dos dados, optou-se em categorizá-las de acordo com o número preenchido em cada item, ficando desta forma:

➤ 1 a 3: facilidade
➤ 4 e 5: relativamente fácil
➤ 6 e 7: relativamente difícil
➤ 8 a 10: dificuldade

Tal categorização foi necessária para que se pudesse estabelecer a relação com as respostas do bloco 9.1.

Entre as 37 respostas obtidas no item "História do município (fundação e tropeirismo)", um número de 20 professoras, ou seja, 54% das entrevistadas, declararam que essa temática apresenta faci-lidade em se trabalhar em sala de aula. Esse número praticamente se iguala aos resultados do bloco 9.1, quando comparados, portanto, entende-se que uma grande maioria das professoras não possui dificuldade com a temática em questão.

Reiterando o questionamento levantado com os dados do bloco 9.1: como devemos entender essa facilidade? Domínio de conteúdo? Qual a extensão desse entendimento por parte do professor? Existe uma possibilidade real de diálogo com as fontes? Qual é a história ensinada? É explorada a capacidade de um entendimento histórico por parte dos alunos?

De acordo com Fermiano e Santos (2014, p. 18), para alunos do ensino fundamental "podem ser introduzidas desde cedo as ações de: buscar informações e identificar documentos históricos; organizar informações com critérios definidos; aprender a analisar; construir narrativas coerentes e questionar". É o que também afirmam Luporini e Urban (2015, p. 16), quando destacam que o trabalho com as fontes "contribui para que os alunos entendam como ocorre o desenvolvimento de argumentos".

A busca por uma ação/prática reflexiva nas aulas de História nos anos iniciais deveria ser tão importante quanto a busca por uma compreensão sobre as fases da alfabetização ou como desenvolver o raciocínio lógico. Nunes e Simonini (2008, p. 172) trazem uma reflexão que se aplica aos questionamentos levantados:

> [...] fazer o aluno participar da construção do conhecimento é o desafio. Que sabe isso já foi e continua sendo objeto de discussão de muitos professores e pesquisadores preocupados com o tema. Mas ainda é um desafio real e aparentemente difícil para a maioria dos docentes. Mesmo aqueles mais experientes assim e com vários anos de prática pedagógica, em sala de aula, ainda encontram dificuldades para pensar e elaborar um trabalho em que haja participação e interação que todos os alunos. Ainda é comum encontrarmos discentes sem motivação para o estudo de história. E muitos consideram o seu ensino de pouca importância para sua formação, sendo difícil superar a visão de história como disciplina "monótona", "repetitiva", na qual os alunos ainda são solicitados apenas a reproduzir o conhecimento já pronto.

Outro número que chama a atenção nesse bloco, assim como no primeiro, é a facilidade em relação à temática "Folclore regional". Cerca de 45% das respondentes assinalaram ser um conteúdo fácil de se trabalhar em sala de aula. Temas como esse, na verdade, tendem a ser mais "lúdicos" e a explorar o imaginário infantil, porém é necessário fazer com que eles não sejam desconectados do ensino de História, como algo à parte ou meramente ilustrativo ou somente relacionado a datas comemorativas e à literatura ou cultura popular.

A amplitude da temática "folclore" precisa ser explorada nos anos iniciais visando a essa relação com o ensino de História, pois em contos, lendas e costumes folclóricos a criança tem acesso à diversidade cultural de sua comunidade ou cidade. Ao relacionar a temática do folclore à História Local, será possível estabelecer uma reflexão acerca da identidade dessa criança.

Nesse contexto de aprendizagem lúdica que envolve lendas e mitos, é possível encaixar a famosa lenda das pombinhas, tão presente nas falas e no imaginário da comunidade ponta-grossense. Nesse caso, em especial, as pombinhas que pousaram despropositadamente no ponto mais alto da futura cidade conferem uma relação de identidade com a História Local. Fonseca (2009, p. 123) reflete sobre a construção de uma identidade individual e coletiva, pautada no sentimento de pertença a uma comunidade:

> Ensinar e aprender a História Local e do cotidiano é parte do processo de (re) construção das identidades individuais e coletivas, a meu ver, fundamental para que os sujeitos possam se situar, compreender e intervir no espaço local em que vivem como cidadãos críticos. No atual contexto histórico, no qual cada vez mais as identidades são líquidas, fluidas como diz Bauman (2005, 2007), é desafiador relacionar local/global, singular/plural, universal/diverso em sala de aula.

Levando em consideração a não existência comprovada de fontes que evidenciam a história das pombinhas, ela será tratada daqui para frente como lenda. No entanto, não é possível ignorá-la, pois sendo lenda ou fato, sua influência na identidade princesina é considerável como representação de uma narrativa que recebeu status na realidade local. Exemplo disso é a presença nos dois principais símbolos do município: a bandeira e o brasão da cidade de Ponta Grossa.

> A bandeira de Ponta Grossa [...] é constituída de um retângulo branco cortado na diagonal por uma faixa azul, essas cores são uma homenagem à Nossa

> Senhora. No centro estão duas pombas lembrando a lenda da fundação da cidade. As aves se acham pousadas sobre um ramo de soja e outro de trigo. Sobre esse conjunto há uma coroa dourada simbolizando o cognome da cidade: (MEISTER; PEDROSO, 1989, p. 61).

Temas relacionados ao folclore são comuns em muitos currículos escolares e materiais didáticos da área de História, porém, de acordo com a nova BNCC, essa temática fica quase que exclusiva à disciplina de Arte. Justificando o fato de o tema folclore ser citado na questão 9, ele foi selecionado por fazer parte das antigas Diretrizes Curriculares Municipais de 2015, as quais o relacionavam diretamente com a cultura local, por exemplo, nas lendas da Vila Velha e do Buraco do Padre (PONTA GROSSA, 2015).

Conclui-se, portanto, que ao fazer uso das diferentes fontes e linguagens no ensino de História nos anos iniciais, proporcionamos à criança o contato com a diversidade histórica, seja ela uma simples lenda local, um documento histórico, como a Carta de Pero Vaz de Caminha ou até mesmo um poema de Vinícius de Moraes. A problematização dessas várias linguagens vai possibilitar, assim como afirma Fonseca (2009, p. 211), a clareza de que o "princípio articulador da metodologia do ensino de História é a formação da consciência histórica do aluno" e de que tais linguagens "são formas e expressões de lutas, de experiências históricas".

2.2.4 A compreensão do Referenciais Curriculares Municipais para a disciplina de História

No mês de dezembro de 2017, foram aprovados o parecer e o projeto da nova BNCC, seguido de sua homologação no Ministério da Educação (MEC) e, por fim, no dia 22 do mesmo mês, foi "publicada a Resolução CNE/CP nº 2, que institui e orienta a implantação da Base Nacional Comum Curricular a ser respeitada obrigatoriamente ao longo das etapas e respectivas modalidades no âmbito da Educação Básica" (BRASIL, 2018).

Desde a aprovação da BNCC, as escolas de ensino fundamental (anos iniciais e finais) precisaram iniciar um processo de adequação de seu currículo, em conformidade com os novos direcionamentos da Base Nacional. Na prefeitura municipal de Ponta Grossa, essas modificações começaram efetivamente em 2019, momento em que foram construídos, com auxílio de muitos professores da rede, os novos Referenciais Curriculares Municipais. Grupos de estudo foram organizados, com o intuito de direcionar a construção dos referenciais à luz da nova BNCC. A versão final do documento foi distribuída aos professores da rede no primeiro semestre de 2020 e disponibilizada no site da Secretaria Municipal de Educação, em formato PDF, para acesso ao público em geral.

A questão 6 trata da compreensão e da efetivação dessa proposta pedagógica descrita nos Referenciais Curriculares Municipais para a disciplina de História. As professoras foram questionadas se teriam conhecimento desse novo documento, integralmente ou parcialmente, e se teriam facilidade ou dificuldade em compreender tal proposta, bem como colocá-la em prática.

Gráfico 5 – Compreensão e efetivação da proposta curricular municipal para a disciplina de História

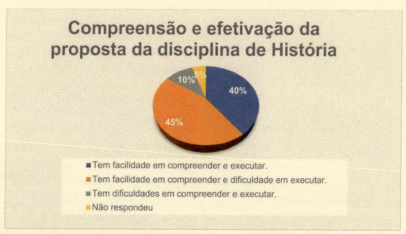

Fonte: a autora

Nesse caso, 45% das professoras entrevistadas relataram ter facilidade em compreender a proposta para a disciplina de História, mas encontram certa dificuldade de colocá-la em prática. Partindo desse primeiro número, surgem alguns possíveis questionamentos: por que existe essa dificuldade de colocá-la em prática? Quais os impedimentos para que se aplique tal proposta? Existe um provável distanciamento entre teoria e prática? Ou uma carência de referencial teórico, recursos metodológicos e até mesmo financeiros? Ou uma possível insegurança por parte das docentes? O sistema educacional possibilita a prática e a reflexão sobre o ensino da História?

De acordo com os novos Referenciais Curriculares da rede municipal, as vivências do aluno precisam ser valorizadas e exploradas, no que se refere ao ensino de História, recomendando, inclusive, o trabalho de campo e as investigações documentais:

> O ensino de História no Ensino Fundamental – Anos Iniciais, deve ser voltado a valorização das vivências e experiências individuais e familiares trazidas pelos alunos. Essas vivências e experiências devem ser problematizadas através da ludicidade, da escuta e da fala sensível, da troca. O trabalho de campo deve ser privilegiado, entrevistas, observações, pesquisas, investigações documentais, o desenvolvimento de análises e argumentações podem potencializar as descobertas estimulando a criticidade e a criatividade dos alunos. Tais procedimentos auxiliarão na compreensão de si mesmos, de suas histórias de vida e dos diferentes grupos sociais com quem se relacionam. (PONTA GROSSA, 2020, p. 425).

O trabalho com a disciplina de História nos anos iniciais pressupõe de fato uma problematização, seja das experiências dos alunos, seja das situações do passado. De acordo com Luporini e Urban (2015, p. 40), a problematização no ensino de História "remete a ideia de que o passado não possui um valor em si mesmo, ou seja, a possibilidade do questionamento propicia aos alunos o envolvimento dos conhecimentos adquiridos".

Trabalho com fontes, problematização, investigação. A realidade educacional permite tais práticas? Sem fazer referência apenas à formação do professor, seja ela inicial ou continuada, mas considerando toda a estrutura educacional e pensando sob o ponto de vista local: as escolas de anos iniciais possibilitam esse ensino de História voltado para a "criticidade e criatividade"?

Destaca-se, nessa questão, a porcentagem de professoras que afirmam não compreenderem a proposta, bem como encontram dificuldade na execução. Seria equivocado concluir que 10% das professoras entrevistadas, que possivelmente trabalham ou já trabalharam com a disciplina de História, fizeram uso de conceitos e metodologias que, ao invés de colaborar com a aprendizagem histórica, complicaram-na ainda mais? Seria, nesse caso, resultado de sua formação inicial? Ou a falta de uma formação continuada?

Obviamente, caso se coloque essa porcentagem de professoras que não compreende a proposta e tem dificuldades em executá-la, em comparação com o grupo que não tem problemas de compreensão, é possível concluir que esse não seja um número tão relevante. No entanto, deve-se pensar que das 55 professoras que responderam a essa questão, seis estão com dificuldades em ensinar História. Onde essas docentes estão buscando apoio pedagógico? Essas dificuldades são debatidas com o grupo ou com a equipe gestora? Ou a professora guarda essa dificuldade para si e tenta "se garantir" na medida do possível?

Não há pecado em ter dificuldades, ao contrário, são exatamente elas que fazem com que professores busquem ampliar seu repertório metodológico no momento de se ensinar História. Perceber que suas escolhas metodológicas colaboram para o não aprendizado dos alunos já é um grande passo para uma melhoria da prática docente. Nunes e Simonini (2008, p. 172) reiteram essa reflexão ao dizer que:

> [...] fazer o aluno participar da construção do conhecimento é o desafio. E, como se sabe, isso já foi e continua sendo objetivo de discussão de muitos professores e pesquisadores preocupados com o tema.

> Mas ainda é um desafio real e aparentemente difícil para a maioria dos docentes. Mesmo aqueles mais experientes e com vários anos da prática pedagógica, em sala de aula, ainda encontram dificuldades para pensar e elaborar um trabalho em que haja participação e interação de todos os alunos.

Ainda de acordo com as autoras, quando "a história ensinada/ aprendida é desarticulada da vida daqueles que são seus próprios sujeitos" ela tende a ser desmotivadora, pois não tem "significado nem relação com sua vida cotidiana" (NUNES; SIMONINI, 2008, p. 173).

Mesmo sendo totalmente desproposital, a questão 6 trouxe mais dúvidas do que respostas. Porém, tais questionamentos são totalmente relevantes quando buscamos refletir sobre a prática docente, especialmente a área de ensino e aprendizagem histórica.

2.2.5 A atuação das entrevistadas nos ciclos dos anos iniciais

Sabe-se que, tanto no curso de Pedagogia como no de formação de docentes, futuros professores dos anos iniciais vão se deparar com disciplinas que abrangem desde a Psicologia da Educação até as mais variadas didáticas (Didática da Matemática, Didática da História etc.). Terão contato com teorias e práticas que envolverão todas as áreas do conhecimento, mesmo aquelas que, em algum momento de sua vida escolar, não tenham sido de sua preferência.

A atuação desses profissionais no âmbito dos anos iniciais se torna algo de extrema responsabilidade quando se vislumbra que devem: compreender os conceitos básicos de todas as áreas do conhecimento e entender como aplicá-los com crianças de 6 a 10 anos; perceber que as áreas possuem metodologias e práticas diferenciadas, com funções sociais específicas; e adicionar a tudo isso a história da educação, a psicologia, a sociologia, entre (muitos) outros conhecimentos necessários para a atuar em turmas dos anos iniciais.

Eis que um belo dia esses acadêmicos da graduação adentrarão em uma turma com uma média de 30 alunos de 7 anos, que os observam e acham que aquele professor simplesmente "sabe tudo", e neste dia tornam-se professores de História! Mas também de Geografia, Matemática, Português. Neste momento, percebem o quão importante foram as didáticas, as metodologias e os fundamentos da educação que tiveram em sua formação inicial.

Considerando, nesse caso em especial, a importância do ensino de História nos anos iniciais, Abud (2012, p. 560) provoca uma reflexão pertinente:

> Todos os envolvidos no ensino de História consideramos que a presença da disciplina no currículo dos Anos Iniciais da escolarização como pilar fundamental no qual se apoia a iniciação do desenvolvimento conceitual da criança a respeito do mundo social, para que nele possa se assentar o conhecimento a ser desenvolvido quando se alcançam estágios de aprendizado passíveis de maior aprofundamento, já na segunda fase do ensino fundamental. É preciso atentar para as concepções de História a ser ensinada nos anos iniciais, por professores cuja formação passa somente pelo curso da Pedagogia. Ressalve-se que é impossível que o curso forneça profunda formação em todas as disciplinas do quadro curricular da escola fundamental ao mesmo tempo prepare seus alunos para atividades de gestão e supervisão.

A questão sobre a atuação das professoras, em especial, foi pensada com o intuito de identificar quantas professoras atuam ou já atuaram com a disciplina de História nos dois ciclos dos anos iniciais da rede municipal. A estrutura em ciclos, proposta nas escolas municipais, possibilita a organização dos componentes curriculares em dois grandes grupos, com objetivos específicos para cada um: 1º ciclo, composto de 1º, 2º e 3º anos, e 2º ciclo, com 4º e 5º ano. De acordo com os Referenciais Municipais:

- 1º Ciclo - Constituído por um continuum de três anos, o qual tem como eixo norteador para o desenvolvimento do currículo escolar o trabalho com as habilidades básicas da leitura e da escrita e o desenvolvimento do pensamento lógico-matemático. Esse ciclo compreende as classes do 1º ano, 2º ano e 3º ano;

- 2º Ciclo - Constituído por um continuum de dois anos, o qual compreende as classes de 4º ano e 5º ano.

- Apoio Pedagógico - O atendimento pedagógico oferecido pressupõe uma intervenção educativa, cujo objetivo é favorecer ou estimular o desenvolvimento de estruturas intelectuais necessárias para o acesso do aluno ao currículo escolar. (PONTA GROSSA, 2020, p. 26-27).

A organização em ciclos nas escolas da rede municipal está pautada nas teorias vygotskyanas de desenvolvimento cognitivo:

> O eixo de orientação para a organização do currículo e da prática docente está sustentado na abordagem teórica de Vygotsky, quando afirma que "o bom ensino é aquele que se adianta ao desenvolvimento", ou seja, aquele que se dirige às funções psicológicas que estão em vias de se completarem. Essa dimensão prospectiva do desenvolvimento psicológico é de grande importância para o ensino, pois permite a compreensão de que as intervenções pedagógicas, feitas mais cedo, podem promover avanços no desenvolvimento cognitivo dos alunos. (PONTA GROSSA, 2020 p. 26-27).

Cooper (2006) faz uma reflexão interessante a respeito da teoria de Vygotsky envolvendo a investigação histórica. A autora elenca que entre as possibilidades de aprendizagem trazidas pela teoria vygotskyana encontra-se a ideia de que "novos conceitos são aprendidos por julgamento e erro durante discussão, na qual o professor encoraja o uso do porquê, explica novos conceitos, fornece mais informações e faz correções" (COOPER, 2006, p. 176). Desta forma, independentemente da faixa etária, a criança será estimulada a raciocinar e a sustentar argumentos.

Gráfico 6 – Atuação nos ciclos do ensino fundamental em História

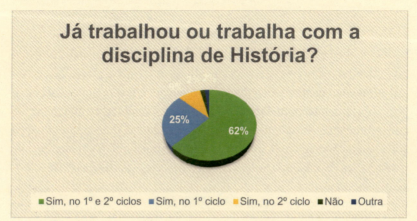

Fonte: a autora

Observando os resultados da questão 4, percebe-se que 62% das professoras entrevistadas relata já ter trabalhado com os dois ciclos de aprendizagem, ou seja, em algum momento de sua trajetória escolar, essas professoras ministraram aulas de História do 1º ano ao 5º ano do ensino fundamental. Pensando nos conteúdos específicos de História nos anos iniciais, podemos dizer que as professoras planejaram ações para alunos não alfabetizados, nas quais a prática lúdica tem um valor muito maior, bem como para alunos que já possuem habilidades de produzir textos argumentativos e investigar com mais autonomia em documentos históricos, por exemplo.

O professor Itamar Freitas traz alguns questionamentos pertinentes sobre "ensinar História nos anos iniciais":

> Como ensinar História às crianças, já que a sua estrutura cognitiva se diferencia dos adolescentes? Como contar a História do Brasil com seus clássicos períodos da colônia, do império e da República para alunos que não conseguem relacionar, simultaneamente, suas avaliações (seus cálculos) sobre a duração e a seriação desses períodos, interpretando o passado como uma cópia tosca e envelhecida do

> presente? Como exigir dos alunos dos anos iniciais uma compreensão das histórias de outros povos em tempos e espaços diferentes se os seus julgamentos estão plenos de **egocentrismo**? (FREITAS, 2010, p. 227, grifo do original).

De fato, aproximar a noção de tempo que o aluno dos anos iniciais possui nesta faixa etária com os conceitos de tempo histórico, ou simplesmente com fatos históricos, perpassa por uma série de entendimentos que necessitam ser estimulados pelo professor em sua prática. Nesse caso, um outro questionamento vem à tona e se torna tão relevante quanto os citados nos resultados dessa questão: as professoras dos anos iniciais possuem a consciência/conhecimento de que conceitos como simultaneidade, duração, seriação **são** extremamente importantes aos se ensinar História para as crianças? Assim como diferenciar tempo cronológico de tempo histórico?

Para Bergamaschi (2000, p. 8), a intencionalidade didática está diretamente ligada com a construção do tempo cronológico, do tempo social e do tempo histórico, envolvendo em específico a compreensão das noções de duração, sucessão, simultaneidade, continuidades e descontinuidades:

> Para a construção do "tempo cronológico", "do tempo social" e do "tempo histórico" é importante a intencionalidade didática. A fim de propiciar a compreensão das noções de "duração" em suas diferentes nuanças (curta, média e longa duração), devem ser abordadas as permanências e mudanças, as continuidades e descontinuidades, o que é "mais antigo", o que é "mais atual" e o que cada aluno entende por antigo ou por passado. Outra noção cara para a compreensão do tempo é a "sucessão": as coisas que acontecem uma depois da outra, o muito antes, o muito depois, os diferentes ritmos deste suceder, deste tempo sequencial. Mas também compreender a "simultaneidade" temporal, que permite ao aluno perceber que existem coisas que acontecem ao mesmo tempo e que, enquanto se está na escola, a mãe, o pai, os amigos estão fazendo outras coisas.

Tendo em vista os dados presentes no Gráfico 6, fica claro que a grande maioria das entrevistadas possui uma experiência considerável em ensinar História. Considerando o tempo de atuação dessas professoras em sala de aula: é possível deduzir que exista tal intencionalidade didática em sua prática cotidiana?

Para tentar encontrar esta resposta, partiremos para a análise dos dados obtidos na questão 10 do questionário, a qual indaga quais seriam as metodologias utilizadas pelas professoras em suas aulas de História.

2.2.6 Metodologias utilizadas nas aulas de História

Nessa questão em específico, foi solicitado para as professoras que listassem três práticas que faziam uso em suas aulas de História. As metodologias citadas foram categorizadas da seguinte forma:

Tabela 1 – Questão 10

Você faz uso de quais metodologias para trabalhar os conteúdos propostos na disciplina de História? Cite três práticas.		
Metodologia	Quantidade de vezes que foi citada	%
Pesquisas	19	16,67
Citou recursos e não metodologias	19	16,67
Aula expositiva	12	10,53
Leitura e interpretação	10	8,77
Não respondeu	10	8,77
Trabalho em grupos	6	5,26
Aula passeio	5	4,39
Linha do tempo	5	4,39
Explosão de ideias	4	3,51
Jogos e brincadeiras	4	3,51

Análise de documentos/imagens históricas	4	3,51
Confecção de maquetes	3	2,63
Confecção de cartazes	2	1,75
Exposição de fotos	2	1,75
Debates/conversas	2	1,75
Usar atualidades/curiosidades	2	1,75
Entrevistas	2	1,75
Projetos	1	0,88
História e arte	1	0,88
Desafios	1	0,88
Total	**114**	**100%**

Fonte: a autora

Antes de problematizar e analisar tais categorias, faz-se necessário apontar uma situação ocorrida especificamente nessa questão: muitas das professoras citaram recursos didáticos e não metodologias. Aqui definiremos metodologia como todo e qualquer instrumento utilizado pelo professor para atingir seus objetivos com seus alunos (exemplos: jogos, aula passeio, trabalho em grupo, entre outros). Tal definição contrapõe-se à de recursos, que aqui serão tratados como materiais que auxiliarão o professor a colocar em prática a metodologia escolhida (exemplos: quadro, giz, projetor, livros, softwares, cartolinas, tintas, gravuras etc.). Ferreira (2007, p. 3) afirma que:

> [...] o professor pode usar o recurso didático para preparar, melhorar ou aprimorar a aula que será dada. São exemplos de recursos didáticos: artigos, apostilas, livros, softwares, sumários de livros, trabalhos acadêmicos, apresentações em PowerPoint, filmes, atividades, exercícios, ilustrações, CDs, DVDs.

Ao observar a tabela com a listagem das metodologias citadas pelas professoras, percebe-se uma grande variedade de instrumentos metodológicos. É nítido que esse grupo de professoras possui um vasto conhecimento de ações que auxiliam uma aprendizagem significativa. De modo a valorizar as escolhas metodológicas dos professores que ensinam História, Soares (2017, p. 79) defende em seu artigo sobre o uso da música nas aulas de História que:

> Os professores de história precisam estar cotidianamente atentos às metodologias de ensino. Ter conhecimento historiográfico é fundamental, pois ninguém ensina algo sobre o qual não tem conhecimento. Mas um ensino de história que desconsidere a realidade vivida e os contextos sociais e históricos dos quais os alunos são sujeitos está fadado ao fracasso, pois não podemos desconsiderar que a maioria de nossos alunos interage com esse cenário contraditório, no qual o passado é socialmente desprestigiado, mas midiaticamente difundido. Portanto, é preciso se dedicar aos estudos sobre as metodologias de ensino que, considerando a realidade vivida, viabilizam a produção do conhecimento histórico em ambiente escolar.

Vamos aos números. As metodologias categorizadas como aula expositiva e como leitura e interpretação foram as mais citadas. Refletindo especificamente sobre essas práticas, nota-se que ambas não possuem uma característica dinâmica, tanto na aula expositiva quanto em momentos de leitura e interpretação, percebemos a presença do professor como peça central da ação metodológica. Compreende-se aqui que se faz necessária a diversificação de tais práticas em sala, principalmente no ensino de História nos anos iniciais, para que a aula não se torne maçante nem cansativa tanto para professores quanto para alunos.

A leitura de textos acompanhada de uma interpretação coletiva ou individualizada é extremamente importante em qualquer área do conhecimento, porém, quando tratamos de ensino de História, elas precisam vir direcionadas com o correto uso de fontes. Luporini e Urban (2015, p. 41) ressaltam que:

> O trabalho com as fontes históricas não se identifica com a ideia de um recurso para as aulas de História. Sua presença nessa disciplina é um aspecto obri-

gatório, porém o trabalho com as fontes deve ser integrado gradativamente a prática dos professores e alunos, possibilitando aos discentes o contato com diferentes fontes históricas. É importante ressaltar que o trabalho com fontes deve contribuir para que os alunos desenvolvam a capacidade de ler e interpretar organizando argumentos em relação à história.

As mesmas autoras trazem na obra *Aprender e ensinar História nos anos iniciais do Ensino Fundamental* (2015) algumas reflexões extremamente importantes no que se refere ao uso de fontes nas práticas de sala de aula, pois consideram que "o diálogo com as fontes é fundamental" (LUPORINI; URBAN, 2015, p. 41).

2.2.7 Fontes históricas utilizadas para o ensino de História

Qual estudante, ao longo de sua vida escolar, nunca se deparou com a clássica imagem de D. Pedro I empunhando uma espada, todo trajado em uniforme militar, montado em seu cavalo às margens do Rio Ipiranga? Para muitos, esse foi um retrato fiel de um marco importante na história do Brasil, a figura heroica do futuro governante de um país livre das amarras de Portugal. Essa descrição refere-se à famosa pintura de Pedro Américo (IMBROISI; MARTINS, 2021), intitulada *Independência ou Morte*. O artista concluiu a obra em 1888, em Florença, na Itália, 66 anos após a Proclamação da Independência.

Durante muito tempo, as fontes históricas foram tratadas como ilustração ou uma espécie de evidência que determinados fatos eram mesmo reais. Schmidt e Cainelli (2004, p. 90) afirmam que tal forma de ensinar História está atrelada a uma visão positivista da História: "Nesta perspectiva, o documento histórico servia apenas para a pesquisa e para o ensino como prova irrefutável da realidade passada que deveria ser transmitida ao aluno".

Refletindo sobre o uso de fontes e materiais para ensinar História nos anos iniciais, a questão 8 foi elaborada na tentativa de conhecer um pouco mais da prática das professoras desse segmento, especificamente a prática do ensino de História Local. Foi questionado às professoras se faziam uso de algum material para ensinar a História Local e solicitado que citassem quais seriam tais materiais. Implicitamente, a intenção da questão também era de identificar o uso de fontes históricas pelas professoras, sem expressar o termo "fonte" para evitar várias interpretações da palavra.

Observando a Tabela 2, na sequência, percebe-se uma diversidade de materiais citados pelas professoras. Porém, também é possível constatar que a palavra "material" foi entendida por muitas como fonte, mas também como recurso metodológico.

Tabela 2 – Questão 8

Você usa outros materiais, além do livro didático, para trabalhar a História Local? Se sim, cite-os.		
Material	**Quantidade**	**%**
Sites da internet	24	25,26
Cartazes/fotos/gravuras	11	11,58
Vídeos	8	8,42
Não respondeu	7	7,37
Textos	5	5,26
Mapas	5	5,26
Documentos	3	3,16
Atividades fotocopiadas	3	3,16
Projetos e pesquisas	3	3,16
Sim, mas não citou	3	3,16
Não	3	3,16
Livro didático não contempla História Local	3	3,16
A Princesa das Crianças	2	2,11
Jornais ou revistas	2	2,11
Material vindo da SME	2	2,11

Quadro de giz	2	2,11
Pesquisa de campo	2	2,11
Caderno	2	2,11
Palestras	1	1,05
Entrevistas	1	1,05
Álbum de figurinhas "Cola aqui"	1	1,05
Não trabalha com História	1	1,05
Livros de literatura	1	1,05
Total	**95**	**100%**

Fonte: a autora

Focando exclusivamente as fontes e seu uso nas turmas dos anos iniciais, encontramos em Cooper (2012, p. 21) a definição que auxiliou na categorização das respostas apresentadas na questão 8:

> Fontes históricas são quaisquer traços do passado que permanecem. Elas podem ser fontes: Escritas – documentos, jornais, leis, literatura, propaganda, diários, nome de lugares. Visuais – pinturas, desenhos animados, filmes, vídeos, mapas, gravuras, planos. Orais – música. Elas podem ser ainda de outros tipos, como artefatos, sítios e prédios.

Tomando por base a definição de Cooper, presente nos estudos da autora sobre o ensino de História na educação infantil e nos anos iniciais, é possível selecionar, entre as respostas das professoras, as seguintes fontes: cartazes, fotos, gravuras, vídeos, mapas, literatura, documentos, entrevistas, jornais e revistas. De um total de 95 respostas citadas na questão 8, as fontes representam aproximadamente 1/3 delas. Pressupondo que exista um entendimento por parte das professoras sobre o conceito de fonte histórica, é oportuno, nesse contexto, criar uma expectativa positiva de seu uso nas aulas de História.

No entanto, deixa-se claro que apresentar uma fonte a um aluno não é sinônimo de interpretá-la ou criar hipóteses sobre ela.

É fundamental que o professor estabeleça critérios ao escolher uma fonte e que incentive o aluno a desvendar tal objeto, foto ou documento, por exemplo, estimulando a argumentação sobre a fonte.

Luporini e Úrban (2015) destacam que o trabalho com fontes no ensino de História permite ao aluno questionar e fazer perguntas sobre o passado. Para isso, as autoras também sugerem que o professor, ao escolher as fontes a serem trabalhadas em sala de aula, façam as seguintes perguntas: "Como tudo isso foi feito? Por quê? Por quem? De que forma foram usados? Como influenciou diretamente na vida das pessoas envolvidas?" (LUPORINI; URBAN, 2015, p. 16). Por fim, ainda de acordo com as autoras, é essencial esclarecer aos alunos que "as fontes não são provas do passado, mas sim vestígios" (LUPORINI; URBAN, 2015, p. 17).

Por fim, voltemos à obra de Pedro Américo. Se as perguntas sugeridas pelas autoras fossem feitas à famosa pintura, quais respostas teríamos? A mesma questão se aplica às estimadas pombinhas da lenda da fundação de Ponta Grossa. Será que, ao ensinar a história da cidade às crianças dos anos iniciais, incentivando um olhar curioso que confrontasse essa versão da história, elas a considerariam como verdade? Cooper (2012, p. 25) discorre sobre esses questionamentos às fontes e sobre as diversas hipóteses que podem surgir a seu respeito:

> Fazer inferências provenientes das fontes envolve dar razão para o seu argumento, escutar o ponto de vista de outros, estar preparado para mudar sua mente, o para aceitar que frequentemente não há resposta única, correta. Nós temos que cogitar hipóteses sensatas sobre o que nós podemos inferir.

Desenvolver esse olhar crítico sobre as fontes deveria ser uma constante nas aulas de História em qualquer um dos segmentos, porém, para que os alunos possam experenciar tal prática é fundamental que as professoras também a vivenciem com eles, propondo diálogos, instigando a curiosidade e enxergando a História que vai além da pintura ou de uma lenda.

CAPÍTULO 3

A *PRINCESA DAS CRIANÇAS* VOLTA À CENA: DIÁLOGOS POSSÍVEIS SOBRE A HISTÓRIA LOCAL

3.1 CONCEITOS TRAZIDOS PELA *PRINCESA*

No final da década de 1980, quando *A Princesa das Crianças* começou a circular pelas escolas do município de Ponta Grossa e nos cursos de Magistério, tanto na escola pública quanto nas escolas privadas, sua aceitação foi quase que imediata. Vivíamos, nós professoras dos anos iniciais, em uma realidade na qual não tínhamos ideia do número de pesquisas que já existiam no mundo acadêmico sobre História Local e sobre a história de Ponta Grossa, especialmente aquelas desenvolvidas no Departamento de História da UEPG.

De maneira muito rápida, a *Princesa* começou a ganhar espaço nas salas de aula das, até então, primeiras séries do 1º grau[4], ainda na década de 1990. Com o passar do tempo, outras obras começaram a surgir nos ambientes escolares, incluindo muitas de memorialistas ponta-grossenses, porém, sabendo da formação das autoras da *Princesa*, a credibilidade da obra se consolidou perante as docentes da educação básica.

Considerando o conteúdo trazido nas páginas da *Princesa*, é possível destacar alguns temas mais significativos: no primeiro capítulo são abordados os aspectos geográficos do município de Ponta Grossa, como a localização, o relevo, a hidrografia, o clima, a vegetação e os

---

[4] Nas décadas de 1980 e 1990 as nomenclaturas "séries" e "1º grau" ainda eram utilizadas para designar, respectivamente, o ano escolar que o aluno cursaria e o nível de ensino. Com a implantação da Lei do Ensino Fundamental de Nove Anos, tais nomenclaturas deixam de ser usadas: "Lei nº 9.394, de 20 de dezembro de 1996 – admite a matrícula no Ensino Fundamental de nove anos, a iniciar-se aos seis anos de idade" (BRASIL, 2007).

pontos turísticos da região; a inclusão dos pontos turísticos, nesse capítulo, ressalta a valorização do espaço geográfico, bem como uma tentativa de incentivar as crianças e suas famílias, e mesmo as docentes, a conhecerem esses espaços turísticos do município.

No segundo capítulo da *Princesa*, o foco se concentra na história do município de Ponta Grossa. Nesse capítulo, em especial, são retratados alguns pontos fundamentais da história da cidade, como: a fundação de Ponta Grossa, seus primeiros habitantes, a questão da imigração e a importância das chamadas revoluções[5], que também tiveram um cenário em terras paranaenses.

No terceiro capítulo, são listadas algumas atualidades do município[6]. Em especial, nesse capítulo da *Princesa*, professoras e alunos vão fazer um passeio pela zona urbana e zona rural de Ponta Grossa, ressaltando as diferenças entre esses espaços, bem como suas características. Uma listagem das principais avenidas, ruas e praças da cidade também aparecem, assim como o funcionamento do sistema de transporte e as atividades econômicas que se destacam no período. Nesse capítulo, as autoras enfatizam questões relacionadas à forma de organização do governo municipal, quais as funções dos três poderes e seus desdobramentos. Percebe-se a intenção de trazer ao aluno uma discussão sobre o presente do município, na tentativa de fazer com que as crianças e professoras conheçam a realidade atual de Ponta Grossa naquele período.

No quarto e última capítulo da *Princesa*, vemos algo curioso, mas que não difere dos livros didáticos da década de 1980: a educação cívica. De acordo com Fonseca (2009, p. 19): "Após o Golpe Militar de 1964, cresceu a importância de Estudos Sociais relacionados à formação moral e cívica dos cidadãos". A autora também discorre a respeito das mudanças educacionais que foram continuadas durante toda década de 1970:

> Nos anos de 1970, o ensino de História na escola fundamental norteou-se, basicamente, pelas diretri-

---

[5] Termos usados pelas autoras para designar a Revolução Federalista e o Golpe de 1930.
[6] Dados mencionados são da década de 1980, citados no livro *A Princesa da Crianças* (1989).

> zes da Reforma Educacional de 1971. A Lei 5.692/71 consolidou medidas que já vinham sendo adotadas desde 1960, [...]. Uma dessas medidas foi a criação dos Cursos de Formação de Professores – Licenciatura Curta em Estudos Sociais, com o objetivo de formar professores para as disciplinas de História, Geografia, Estudos Sociais, Organização Social e Política do Brasil (OSPB) e Educação Moral e Cívica (EMC). Estas últimas tornaram-se disciplinas obrigatórias do currículo com objetivos explícitos e implícitos de difundir valores, ideias e conceitos vinculados à ideologia do regime militar instaurado no Brasil a partir do Golpe Militar de 1964. (FONSECA, 2009, p. 19).

Ainda no último capítulo são listadas datas comemorativas significativas para a história do Brasil, como Proclamação da República, Independência do Brasil e Dia de Tiradentes. Os símbolos nacionais também marcam presença nesse contexto de educação cívica, evidenciando características marcantes dessa forma de se ensinar história em um contexto pós-ditadura militar. Abud (2012, p. 560) traz algumas considerações importantes a respeito dessa forma de se ensinar História, pautada no patriotismo e nacionalismo, mesmo nos segmentos das séries iniciais:

> Não se evidencia, nos documentos educacionais brasileiros, o reconhecimento do peso do ensino de História para a formação do cidadão. Ele é tido como veículo inculcador do patriotismo e do nacionalismo e por isso, seu ensino por meio da valorização dos personagens, pelo interesse no desenvolvimento do civismo e da educação moral, esteve presente nos currículos brasileiros, em todos os níveis de ensino, desde os primórdios da escolarização no Brasil.

Faz-se presente, também no último capítulo, o tema ecologia[7]. Nesse item, em especial, as autoras propõem, mesmo que

---

[7] De acordo com Crupi (2008, p. 13): "A necessidade de se trabalhar a temática ambiental na educação escolar está prevista no decreto no. 4.281, de 25 de junho de 2002, que regulamenta a Lei no. 9.795, de 27 de abril de 1999, a qual instituiu a Política Nacional de Educação Ambiental (PNEA).

em um formato bem simplista, uma discussão sobre a questão ambiental e como essas relações entre natureza e seres humanos interferem diretamente no bem-estar da sociedade. Elas elencam a questão da proteção aos animais e a seus hábitats, o desequilíbrio ambiental com uso de defensivos agrícolas nas lavouras, a extração exagerada de minérios, bem como a poluição trazida pelas indústrias.

Sobre a importância da temática ambiental presente nos livros de História, Crupi (2008, p. 12) destaca em sua pesquisa que:

> Nesse sentido, cabe salientar que entre os aspectos singulares que marcam as últimas quatro décadas do século XX, seguramente, um dos principais é a emergência do tema natureza no espaço público. E, se no final da década de 1960, o mesmo caracterizava-se por se associar a propostas de ruptura radical com os padrões socioeconômicos e morais vigentes na sociedade, no final do século, seguramente, o tema natureza/meio ambiente já era um dos pontos centrais nas discussões de políticas públicas, na agenda de conferências que debatem interesses a nível mundial e nas estratégias de marketing econômico ou político.

Tendo em vista todas as temáticas presentes nas páginas da *Princesa*, percebe-se o intuito de fornecer dados históricos e geográficos sobre nossa cidade de maneira simples e didática. Essa funcionalidade fez com que ela permanecesse presente até os dias de hoje na prática de muitas professoras, assim como mostra a questão 7 da pesquisa.

Nessa questão, foi indagado às professoras o uso de livros (didáticos ou não) para trabalhar a disciplina de História ou História Local, pedindo que elas citassem quais seriam esses materiais. Das 64 respostas levantadas com a questão, percebe-se uma quantidade

---

De acordo com essa legislação a integração da Educação Ambiental às disciplinas deve se dar de 'modo transversal, contínuo e permanente' (BRASIL, 2005), e na proposta de incorporação dos Temas Transversais, e entre eles 'Meio Ambiente', que devem ser abordados em todas as disciplinas convencionais (BRASIL, 1998b)".

considerável de professoras que afirmam utilizar algum tipo de livro ou manual, porém não citaram a referência em sua resposta. Um número também expressivo de professoras não respondeu à questão, cerca de 20% do total.

Entre as respostas onde aparecem a referência do material utilizado, destacam-se alguns títulos: a *Coleção Ápis*, da Editora Ática, *Paraná: Pequenos Exploradores*, da Editora Positivo, *ET Paraná*, *A História dos Pioneiros*, e, por fim, citada em nove das respostas, está *A Princesa da Crianças*.

Tabela 3 – Questão 7

Você faz uso de algum livro para trabalhar a disciplina de História ou História Local? Se sim, cite-os.		
Material didático	**Quantidade**	**%**
Sim, mas não citou	15	23,44
Não respondeu	13	20,31
Coleção Ápis, Ed. Ática	10	15,63
A Princesa das Crianças	9	14,06
Não usa (no momento)	6	9,37
Atividades/textos da internet	4	6,25
Não, pois o livro didático não contempla História Local	3	4,69
Paraná: Pequenos Exploradores	2	3,13
A História dos Pioneiros	1	1,56
ET Paraná	1	1,56
Total	**64**	**100%**

OBS.: algumas professoras citaram mais de um livro.

Fonte: a autora

Nesse contexto, cabe uma simples reflexão (ou uma constatação): ainda existe uma busca por parte das professoras dos anos iniciais por materiais que sintetizem de maneira prática e funcional a história e a geografia de Ponta Grossa, mesmo que estejam desatualizados em muitos pontos. Buscar dados atuais demanda tempo grande de pesquisa e sabe-se que a rotina dessas professoras nem sempre permite que elas tenham tal disponibilidade.

É preocupante pensar que, por algum motivo, dados incorretos ou desatualizados sobre a história do município possam chegar aos alunos dos anos iniciais. Sendo assim, é essencial que a mantenedora ou a equipe gestora auxilie as professoras no processo de busca, não somente como exigência de sua função, mas também como forma de estimular a formação continuada das professoras, questionando-as e fazendo-as refletir sobre sua prática e sobre o ensino de História.

3.2 MUDANÇAS E PERMANÊNCIAS

Trinta anos separam a primeira edição da *Princesa* da realidade atual das professoras da rede municipal que responderam ao questionário desta pesquisa. Trinta anos de mudanças significativas na realidade do município, que vão desde a dimensão política até a esfera educacional.

A década de 1980 é extremamente significativa para a história do Brasil, pois caracteriza um período de transição entre o regime militar e a abertura política. Nessa realidade, o município de Ponta Grossa também passou por movimentos de mudança, assim como afirma Goiris (2013, p. 228) na obra *Estado e Política: a história de Ponta Grossa*: "sob o ponto de vista sociológico e político os novos tempos do 'Estado Democrático de Direito' trouxeram para Ponta Grossa novas atitudes. Começam a ocorrer fenômenos sociais impensados em tempos anteriores. Era o reflexo de novos tempos". O autor também descreve que, ao final da década de 1980, na cidade de Ponta Grossa, aconteceu a "consolidação do pluripartidarismo" com um "período inédito de proliferação de candidatos" (GOIRIS, 2013, p. 229) que visavam aos cargos públicos por meio das eleições.

Nesse mesmo ritmo, a década de 1990 se iniciou, deixando evidentes mudanças na realidade brasileira e ponta-grossense. Goiris (2013, p. 229) conclui a reflexão sobre esse período da história de Ponta Grossa confirmando alguns dados:

> Considerando a década de 1990, na área da cultura, da educação e das publicações observaram-se transformações sociais e culturais jamais imaginadas durante o regime militar. Em Ponta Grossa a área cultural iniciou um novo processo onde, o resgate da cidadania e da defesa dos direitos humanos adquiriu novos contornos, muito mais democráticos e pluralistas. Emergem alguns cursos de pós-graduação na UEPG como o mestrado em Educação em 1994. Os próprios movimentos sociais, por exe3mplo, iniciam um processo de recodificação cultural. Isso significa que a entrada dos anos 90 trouxe não apenas novidades puramente políticas na cidade de Ponta Grossa [...] mas, acarretou também o surgimento de novas formas de interpretar a realidade e a própria socialização até então prevalecente.

Na atualidade, o município de Ponta Grossa possui uma população estimada de 355.336 pessoas, de acordo com os dados do Instituto Brasileiro de Geografia e Estatística (IBGE). Esse número mostra um crescimento em torno de 18,34% (IBGE, 2021) desde 1989, comparado aos dados trazidos pela *Princesa*. Conforme a cidade cresce, mudam as necessidades e os contextos sociais.

De acordo com o Portal do Servidor da Prefeitura Municipal de Ponta Grossa (PONTA GROSSA, 2021), atualmente o quadro próprio do magistério ocupa 51,6% do quadro de pessoal do município, conforme Gráfico 7, na sequência.

Gráfico 7 – Quadro de pessoal do município de Ponta Grossa em 2021

Fonte: Ponta Grossa, 2021

A Prefeitura de Ponta Grossa conta na atualidade com um total de 84 escolas de ensino fundamental, distribuídas por todo o município de acordo com o Departamento de Estrutura e Funcionamento da Secretaria de Educação (PONTA GROSSA, 2021).

Esses números retratam uma parte do crescimento da cidade no decorrer dos últimos anos e, por consequência, valida a necessidade de adequação de políticas públicas educacionais que colaborem com a melhoria do ensino como um todo.

Um aspecto dessa mudança foi a criação dos Referenciais Curriculares Municipais do Anos Iniciais do Ensino Fundamental, entre os anos de 2019 e 2020, citados anteriormente. Esse documento assegura, em suas páginas, um novo espaço de formação e reflexão para os professores e, por conseguinte, uma atuação que refletirá na aprendizagem de seus alunos:

> Este documento incorpora as proposições contidas na Base Nacional Comum Curricular (BNCC) em relação aos conteúdos curriculares, estratégias para o desenvolvimento do trabalho docente, avaliação, considerando as realidades e os tempos nos quais as aprendizagens devem estar situadas e contextualizadas. (PONTA GROSSA, 2020, p. 10).

Nos Referenciais Curriculares Municipais, encontraremos as disciplinas de História e Geografia identificadas como Ciências Humanas e, especificamente ao se tratar do ensino de História, o documento destaca como objetivo:

> O ensino de História no Ensino Fundamental – Anos Iniciais, deve ser voltado a valorização das vivências e experiências individuais e familiares trazidas pelos alunos. Essas vivências e experiências devem ser problematizadas através da ludicidade, da escuta e da fala sensível, da troca. O trabalho de campo deve ser privilegiado, entrevistas, observações, pesquisas, investigações documentais, o desenvolvimento de análises e argumentações podem potencializar as descobertas estimulando a criticidade e a criatividade dos alunos. Tais procedimentos auxiliarão na compreensão de si mesmos, de suas histórias de vida e dos diferentes grupos sociais com quem se relacionam. (PONTA GROSSA, 2020, p. 425).

Refletindo sobre o que valorizam os Referenciais Curriculares Municipais para a disciplina de História, é possível estabelecer algumas relações com o conteúdo trazido pela *Princesa*. Considerando, no entanto, que o objetivo da *Princesa* não seja exatamente o que determina os Referenciais e tentando não usar de anacronismo, são visíveis as mudanças de contexto e necessidades educacionais presentes nas duas obras. A *Princesa*, por sua vez, fornece uma série de informações e dados pontuais sobre a História e a Geografia Local e em nenhum momento se refere à aplicação e ao uso em sala de aula. Ela dá indícios de que é necessário conhecer a cidade, seus lugares de memória e sua natureza. Favorece e valoriza a História Local, em um período em que as novas pesquisas e informações sobre a história de Ponta Grossa praticamente não chegavam às escolas municipais.

Contudo, a *Princesa* carrega consigo resquícios de um ensino de História tradicional quando enfoca, por exemplo, a figura de Tiradentes como mártir da independência (MEISTER; PEDROSO, 1989) ou quando retrata a chegada da esquadra de Pedro Álvares Cabral em 1500 nas "novas terras", sem dar ênfase à questão indígena e, sim, ao fato histórico envolvendo os navegadores portugueses (MEISTER; PEDROSO, 1989). De acordo com Zamboni (1993, p. 190), em sua análise sobre os livros paradidáticos de História, existiu até a década de 1980 a criação do herói, nesse caso, a figura de Tiradentes exemplifica a tendência presente em muitas obras:

> Os fascículos referentes à Inconfidência Mineira[8] de modo geral canalizam a abordagem para a figura de Tiradentes. Ele é apresentado como um homem alto, destemido, belo, diferente dos demais. Mesmo a historiografia mais recente continua a se referir a Tiradentes como um símbolo de liberdade: no imaginário popular, está posto como herói [...].

Bittencourt (1990, p. 181) reforça tal tendência quando afirma que: "A figura de Tiradentes, recuperada pelos militares no final do século XIX, passou a se constituir em símbolo nacional, procurando-se com a rememoração do evento associar república e liberdade". A autora refere-se às disputas políticas que visavam consolidar as "tradições republicanas" e que acabaram fazendo uso do "herói da independência" para validar seus ideais.

Voltando às orientações para a disciplina de História dos Referenciais Curriculares Municipais, encontramos como "Objeto de Conhecimento", no quadro curricular de todas as turmas dos anos iniciais, o tema "Análise crítica das principais datas comemorativas". Tal proposta tem como habilidade a ser desenvolvida para todos os anos: "Reconhecer o significado das datas comemorativas" e como sugestão metodológica, elenca as seguintes possibilidades: "Confeccionar cartaz; dramatizar; dialogar a respeito das datas comemoradas; organizar painel comemorativo" (PONTA GROSSA, 2020, p. 429).

Uma indagação surge ao refletir sobre a temática "datas comemorativas": estaria ela classificada como mudança ou como permanência? Pode-se considerar que as duas classificações estejam corretas. Quando conferimos um status de "objeto de conhecimento" a ser trabalhado

---

[8] A autora refere-se à obra de Carlos Guilherme Mota, *Tiradentes e a Inconfidência Mineira* (São Paulo: Ática, 1986).

repetidamente nos cinco primeiros anos do ensino fundamental, pode-se deduzir que essa temática seja de grande importância dentro da proposta curricular do município. Mesmo considerando a forma de se trabalhar tais datas, em um âmbito de análise crítica, sua permanência no currículo reflete uma escolha de um grupo. Porém, se tal escolha vier de fato transformada em sua essência e não apenas envolta em uma nova roupagem, poderá também ser vista como mudança.

Ressalta-se, aqui, a necessidade de que todos os envolvidos na efetivação de qualquer proposta pedagógica, professores, coordenação, direção, alunos, estejam conscientes ou dispostos a inteirar-se das mudanças que são necessárias nos currículos com o passar do tempo. Sacristán (2013, p. 23) discorre acerca dos conteúdos que são aceitos e os que são menosprezados na construção dos currículos:

> Uma vez que admitimos que o currículo é uma construção onde se encontram diferentes respostas a opções possíveis, onde é preciso decidir entre as possibilidades que nos são apresentadas, esse currículo real é uma possibilidade entre outras alternativas. Aquilo que está vigente em determinado momento não deixa de ser um produto incerto, que poderia ter sido de outra maneira, e que pode ser diferente tanto hoje como no futuro. Não é algo neutro, universal e imóvel, mas um território controverso e mesmo conflituoso a respeito do qual se tomam decisões, são feitas opções e se age de acordo com orientações que não são as únicas possíveis.

Considerando o recorte temporal e os diferentes contextos históricos que vão desde a criação da *Princesa* à escrita dos Referenciais Curriculares Municipais, faz-se necessário refletir sobre o papel ocupado pela História tanto na prática das professoras dos anos iniciais quanto nos currículos escolares da educação básica de maneira geral. Entendendo que cada um dos documentos foi construído de acordo com as necessidades de seu tempo, é possível perceber suas singularidades no que se refere ao ensino de História. Assim como reitera Fonseca (2012, p. 61):

A História ocupa um lugar estratégico no currículo do ensino fundamental, pois, como conhecimento e prática social, pressupõe movimento, contradição, um processo permanente de (re)construção, um campo de lutas. Um currículo de História é sempre processo e produto de concepções, visões, interpretações, escolhas, de alguém ou de algum grupo em determinados lugares, tempos, circunstâncias. Assim, os conteúdos, os temas e os problemas de ensino de História – sejam aqueles selecionados por formuladores das políticas públicas, pesquisadores, autores de livros e materiais da indústria editorial, sejam os construídos pelos professores na experiência cotidiana da sala de aula – expressam opções, revelam tensões, conflitos, acordos, consensos, aproximações e distanciamentos, enfim relações de poder.

Independentemente de critérios e necessidades de cada material em seu tempo, ambos colaboraram e colaboram com a construção do papel da História no contexto ponta-grossense. A *Princesa*, em especial, delineou durante muito tempo os caminhos do ensino da História Local nas escolas de Ponta Grossa e, mesmo que sem ter a intenção, conduziu toda uma geração de professoras e alunos dos anos iniciais por caminhos de tropeiros, capões e campos, trilhas de antigas fazendas e histórias de pombinhas que pousaram nos morros de Ponta Grossa.

3.3 PORQUE AS PRINCESAS NÃO SÃO MAIS AS MESMAS!

São nos contos de fadas tão presentes na imaginação de muitas crianças que as princesas habitam. Muitas delas delicadas e indefesas, vivendo em torres ou casinhas na floresta à espera de um príncipe que venha tirá-las de amarras e feitiços de bruxas malvadas ou que as resgatem de torres gigantescas. Mas também existem aqueles contos onde a princesa é um tanto rebelde para seu tempo: se recusa a escolher um marido, luta bravamente em guerras e ao final da história salva seu povo e se salva, dispensando desse caso a figura do príncipe valente.

Saindo do mundo dos contos de fadas e entrando na história real, também encontraremos princesas. Nem sempre elas aparecerão vestidas em longas camadas de tecidos brilhantes e coloridos ou com uma coroa em sua cabeça, muitas vestirão calças, manipularão produtos químicos, até radioativos, empunharão canetas e pincéis ao invés de espadas, mas muitas também pegarão em armas. São as princesas do cotidiano, princesas de carne e osso, princesas que ficaram de fora dos contos de fada.

Durante muito tempo, essas princesas foram excluídas dos livros de História, por ser esse um espaço considerado exclusivo para os bravos príncipes e heróis montados em seus belos cavalos. Na história real, são esses heróis que dominam os espaços e tempos dos grandes feitos históricos. As páginas dos tradicionais livros de História são recheadas de fatos históricos e datas a serem lembradas e festejadas, e as princesas e heroínas ficam de fora, assim como outros personagens importantes: indígenas, negros, trabalhadores e crianças; são os heróis que permaneceram calados por longos períodos da História. Fonseca (2012, p. 65) relata um pouco desse contexto e de como as políticas públicas foram mudando com o passar do tempo e abrindo espaço para a diversidade nos currículos de História:

> Como a história é dinâmica, campo de lutas e práticas sociais, novas alterações foram feitas na legislação em decorrência das lutas políticas articuladas ao movimento acadêmico multicultural crítico. Em 2008, a lei federal número 11.645 alterou novamente a LDB, modificada pela lei número 10.639 de 9 de janeiro de 2003, para incluir, no currículo oficial da rede de ensino, a obrigatoriedade da temática História e Cultura Afro-Brasileira e Indígena. Foram feitas alterações e modificações no artigo 26-A e respectivos parágrafos, acrescentando a obrigatoriedade dos estudos referentes à questão indígena.

No entanto, assim como contos de fadas são contados e recontados, eles também podem ser reestruturados e pode-se, por que não, ser transformados. Livros de História também passaram por inúmeras transformações dentro do espaço escolar, passaram de simples compêndios repletos de nomes e datas a ricas coleções de imagens, textos e fontes diversas que estimulam a criticidade e a autonomia de pensamento. De acordo com Fonseca (2012, p. 67):

> As mudanças curriculares no ensino de História no interior das escolas são estratégicas não só na luta pelo rompimento com as práticas homogeneizadoras e acríticas, mas também na criação de novos saberes e práticas educativas em diálogo com os saberes e culturas não escolares. O objeto do saber histórico escolar é constituído de tradições, ideias, **símbolos e significados que dão sentido às diferentes experiências históricas**. No espaço da sala de aula é possível ao professor de História – com sua maneira própria de pensar, agir, ser e ensinar – fazer emergir o plural, a memória daqueles que, tradicionalmente não tiveram direito a história, unindo os fios do presente e do passado, num processo ativo de desalienação.

Nesse contexto de mudanças e permanências, a pesquisa revelou que as exigências educacionais da atualidade fizeram com que *A Princesa das Crianças* buscasse um novo papel no universo da História Local. Talvez, assim como os contos de fadas e os fatos históricos, ela merecesse um novo olhar, pautado à luz da nova realidade ponta-grossense. Sua contribuição para o ensino de História, especialmente para a História Local, ao longo das últimas três décadas, foi extremamente valiosa, considerando a não existência de outro material parecido sobre a história da cidade. Porém, é necessário que as professoras dos anos iniciais percebam a necessidade dessa mudança de olhar, não somente pelo conteúdo que agora se apresenta desatualizado, mas também com o novo formato metodológico, exigido tanto na BNCC quanto nos Referenciais Curriculares Municipais. Isso não significa que a *Princesa* deverá ser excluída na prática desses professores, mas, sim, que ela poderá ser utilizada visando a um olhar crítico da história e do contexto no qual foi escrita. Nessa perspectiva:

> Os objetivos do ensino de história são, além de situar o professor e o aluno como sujeitos da história, orientar a produção do conhecimento, tendo em vista os conceitos de transformação histórica, que relacionam temas gerais e locais, passado e presente. É também importante estimular a participação da população na identificação dos problemas relacionados ao seu meio social, assim como as possíveis soluções para esses problemas, e estimular a reflexão crítica. (NUNES; SIMONINI, 2008, p. 174).

Considerando que as profissionais que atuam nos anos iniciais não têm ou não tiveram uma formação específica em História Local, de acordo com a pesquisa, seria necessária uma nova proposta para uma "nova *Princesa*", que articulasse os vários níveis da História, reforçando a importância da História Local e as características de aprendizagem das crianças dos anos iniciais. Caberia, nessa proposta, uma adequação da linguagem, tirando o formato acadêmico de muitas pesquisas e conteúdos que envolvem a História Local e reforçando o formato que fez tanto sucesso nas páginas da *Princesa*, a simplicidade e a didática na apresentação dos fatos.

Nunes e Simonini (2008, p. 177) descrevem essa dificuldade em relação à formação dos professores dos anos iniciais quanto à compreensão e à execução das várias propostas para o ensino de História:

> Um problema vivenciado por muitos professores emperra a sua execução. É a dificuldade de colocar em prática a proposta de ensino de história em virtude da deficiência na formação acadêmica considerando a que a maioria dos profissionais não foi preparada para desenvolver o conteúdo da disciplina de forma mencionada, ou seja, construindo conhecimento com base em fontes documentais.

Foi pensando especificamente nessas dificuldades, elencadas durante a análise dos dados da presente pesquisa, que se chegou a três sugestões ou possibilidades de ações que serviriam de apoio para o trabalho das professoras dos anos iniciais dentro do ensino de História, em especial, no ensino de História Local.

3.3.1 Formação continuada

"Como alguém se torna professor(a) de História? Como me tornei professora de História? [...] Por que a opção pela História e pelo ensino?" (FONSECA, 2012, p. 111). A autora abre um dos capítulos do livro *Didática e prática de ensino de História* com essas indagações. Obviamente, tais questões passaram e ainda passam pela cabeça dos acadêmicos da licenciatura em História, pois aí residirá seu *métier*. De acordo com a autora, "os professores tornam-se professores de História aprendendo e ensinando, relacionando-se com o mundo, com os sujeitos, com os saberes e com a história" (FONSECA, 2012, p. 115).

No entanto, pensando no caso das professoras dos anos iniciais que não se formam exclusivamente no campo da História, quais indagações passariam por suas mentes ao se depararem com os desafios de ensinar crianças desse segmento? Nesse caso, ensinar não somente História, mas também todas as outras áreas do conhecimento e, "de quebra", alfabetizar. De fato, são desafios presentes no cotidiano de uma professora dos anos iniciais. Zarbato (2015, p. 73), em sua pesquisa sobre as concepções históricas utilizadas como referenciais na docência em História nos anos iniciais do ensino fundamental, trouxe à tona algumas considerações importantes relatadas nas oficinas didáticas que realizou com professoras dos anos iniciais:

> Nas oficinas, percebeu-se, entretanto que os/as professores/as tiveram contato com as concepções e conceitos históricos na formação inicial. [...] Porém, um dos entraves que percebemos ao longo da oficina, foi a dificuldade de participação em cursos, palestras, eventos de formação continuada.

Mesmo percebendo que as professoras apresentaram relativo conhecimento sobre os conceitos históricos, a autora também descreveu que "uma das questões mais inquietantes da análise foi perceber a dificuldade de utilização de diferentes fontes históricas [...] na aprendizagem em sala de aula" (ZARBATO, 2015, p. 73).

Mesmo com os possíveis entraves encontrados no processo de formação continuada, como "excesso de carga horária, dificuldade de conciliar horários, dificuldade de locomoção, falta de recursos financeiros para custear os cursos, bem como a apatia dos órgãos governamentais em oferecer a formação continuada" (ZARBATO, 2015, p. 73), de acordo com a mesma autora, compreende-se como um importante meio de levar às docentes reflexões mais pontuais e de acordo com suas dificuldades e realidades. Dito isso e pautando-se também nos dados tabulados na presente pesquisa, levanta-se a hipótese de considerar a formação continuada uma forma de agregar à prática das professoras o conhecimento específico sobre História e História Local que, porventura, tenha sido ausente de sua formação inicial.

Uma das questões do questionário aplicado que despertou a reflexão acerca do processo de formação das professoras da rede pública municipal de Ponta Grossa foi a de número 11, comentada anteriormente. As respostas dadas pelas professoras reforçaram a hipótese de que, em seu processo de formação, seja ele inicial ou continuado, elas **não tiveram contato com conteúdos específicos ou teorias que envolvessem o ensino de História Local.** Essa afirmação é deveras preocupante, tendo em vista que, por exemplo, a Fundação de Ponta Grossa é um conteúdo elencado nos Referenciais Curriculares Municipais especificamente para ser trabalhado no 3º ano do ensino fundamental.

Nesse caso, em específico, talvez as dúvidas existentes acerca da temática que envolve a História Local pudessem ser sanadas por meio da formação continuada. É necessário, no entanto, que a formação continuada não seja entendida apenas como um momento obrigatório para as professoras, em que um "especialista" vem dar palestras sobre temas que não atraem o professorado e não são voltadas para suas necessidades ou realidades escolares. Como afirma Fonseca (2012, p. 132, grifo nosso), "**é necessário ampliarmos a discussão, para que possamos**, de uma vez por todas, romper com as velhas ideias de *reciclagem, treinamento e requalificação*". Cerri (2007, p. 42) reitera, afirmando que:

> A educação contínua do professor, quando se busca sinceramente uma escola de qualidade, capaz de superar os entraves de desenvolvimento da sociedade brasileira e construir a democracia, não deve estar centrada no oferecimento de cursos, mas na criação de condições para que o professor exerça a sua condição de sujeito do processo educativo.

Fonseca (2012, p. 133) ressalta, ainda, que não se pode pensar a formação docente sem considerar os seus eixos estruturantes: "formação inicial (cursos de licenciatura) e formação continuada, condições de exercício do trabalho docente (materiais, carga horária, salários) e carreira". Portanto, considerando a valorização de todos os eixos citados, é possível vislumbrar benefícios, tanto para os professores, que se dispõem a aprender, quanto para mantenedoras e gestores, que terão profissionais capazes de atender à demanda de suas escolas. A consequência maior e mais positiva será a efetivação de uma melhoria no processo de ensino e aprendizagem, e os alunos colherão frutos de uma educação de qualidade.

3.3.2 Educação Patrimonial

Outra possibilidade de ação para as professoras dos anos iniciais seria dentro da perspectiva da Educação Patrimonial. De acordo com Barroso (2010, p. 16), "o patrimônio passou a ganhar foro de importância e significado no campo da Educação". Isso porque, desde a criação das Diretrizes Curriculares para Educação Básica (BRASIL, 2013), com as "transformações na concepção dos tipos de saberes, conhecimentos e agentes sociais que fazem parte da educação brasileira" (DEMARCHI, 2018, p. 146), assim como afirmam De Vargas Gil e Pacievitch (2017, p. 128), "é preciso transformar os tempos e espaços escolares para a cultura da vida".

Tal consideração acerca da importância dessa nova forma de compreender o patrimônio se contrapõe ao que "tradicionalmente se esperava do ensino de história escolar: difundir a noção de pertencimento à nação, isto é, a identificação de todos os brasileiros, com um passado, um presente e um destino comuns, além do território e da língua" (DE VARGAS GIL; PACIEVITCH, 2017, p. 124).

Com a criação do Guia Básico da Educação Patrimonial pelo Instituto do Patrimônio Histórico e Artístico Nacional (Iphan), em parceria com o Museu Imperial, em 1999, muito vem se discutindo nos campos da História, Antropologia, Geografia, Educação, entre outros, sobre a importância de trazer para a realidade escolar discussões que ampliem olhares de toda a comunidade sobre a preservação do patrimônio cultural brasileiro (HORTA; GRUNBERG; MONTEIRO, 1999). Demarchi (2018, p. 146) relata um pouco dessa caminhada desde a publicação do Guia e todas as políticas públicas implementadas desde então, até a discussão do novo documento de 2014, com novas diretrizes:

> Assim também, da publicação do Guia até hoje, as noções sobre patrimônio cultural e educação patrimonial mudaram muito, com elas novas políticas públicas foram implantadas e o Iphan lançou portaria e publicações que fornecem novos subsídios teóricos para balizar as ações educativas. Nesse sentido, destaca-se a criação da Coordenação de Educação Patrimonial (Ceduc), em 2000, transformada em Gerência de Educação Patrimonial e Projetos (Geduc), em 2004, dentro da estrutura do Iphan; a implantação das Casas de Patrimônio, em 2007; a Portaria 137, de 28 de abril de 2016, que estabelece diretrizes para a educação patrimonial nacional; e as publicações de 2016: Educação patrimonial: histórico, conceitos e processos e Educação patrimonial: inventários participativos: manual de aplicação. Tais medidas, que se fundamentam em noções diferentes de educação e patrimônio das que são defendidas pelo Guia, não foram capazes de eclipsar a importância do Guia no campo da educação patrimonial. Isso reforça, como afirmou Paulo Freire, a esfera conflitiva da educação e sua dimensão política. Tenhamos ou não consciência disso.

Toda essa trajetória de reflexões a respeito da importância da Educação Patrimonial traz à tona novas oportunidades para o ensino de História, em todos os níveis de educação. Luporini e Urban (2015, p. 35) destacam a possibilidade do trabalho com fontes, nos anos iniciais, relacionando com a Educação Patrimonial:

> Discutir questões voltadas à educação patrimonial significa criar uma consciência e uma sensibilidade para olhar o próprio espaço em que se vive e convive, tomando como objetos de estudo, como referências para o processo educativo, os suportes do patrimônio cultural do local/região.

As autoras reiteram que "considerar os bens culturais de cada comunidade é valorizar os diferentes registros e a possibilidade de produzir análise documental sobre eles, constituindo-se uma rica fonte de ensino" (LUPORINI; URBAN, 2015, p. 36).

Neste ínterim, convém destacar a definição de Educação Patrimonial trazida pelo documento do Iphan, "Educação Patrimonial: Histórico, conceitos e processos", a qual indica a abrangência da área de atuação, bem como sua relevância na esfera da coletividade:

> Educação Patrimonial constitui-se de todos os processos educativos formais e não formais que têm como foco o Patrimônio Cultural, apropriado socialmente como recurso para a compreensão sócio-histórica das referências culturais em todas as suas manifestações, a fim de colaborar para seu reconhecimento, sua valorização e preservação. Considera ainda que os processos educativos devem primar pela construção coletiva e democrática do conhecimento, por meio do diálogo permanente entre os agentes culturais e sociais e pela participação efetiva das comunidades detentoras e produtoras das referências culturais, onde convivem diversas noções de Patrimônio Cultural. (FLORÊNCIO *et al.*, 2014, p. 19).

Compreendendo, portanto, de modo breve, o conceito de Educação Patrimonial na atualidade, cabe refletir de que forma esse conhecimento ou essa forma de ação pode fazer parte da prática de alunos e professoras dos anos iniciais. Para isso, é necessário perceber a História em uma outra perspectiva, com o olhar mais aguçado a seu entorno, à comunidade. É valorizar o espaço local e entender que a preservação deste é essencial para construção das memórias da comunidade. Sobre a contribuição da História, Machado e Monteiro (2010, p. 34) corroboram com a seguinte ideia:

> A área de História tem muito a contribuir no processo de apropriação dos mecanismos e instrumentos de constituição do patrimônio. Tomemos como exemplo o estudo da cidade, do espaço local. Normalmente os alunos passam pelas séries finais do ensino fundamental sem analisar o espaço em que vivem. O mesmo ocorre no ensino médio. Tendo como foco de investigação a cidade, o professor tem possibilidade de construir os conceitos estruturantes da disciplina e, através deles, desvelar o universo cultural e sua dinamicidade.

Por meio das práticas voltadas para a Educação Patrimonial, especialmente as que envolvem diretamente a História Local, as autoras consideram que o ensino de História promoverá a "investigação do cotidiano e a existência de pessoas comuns" (MACHADO; MONTEIRO, 2010, p. 37). Isso possibilitará um olhar ampliado que vai além daquele determinado pelas classes dominantes, portanto, oportunizará "a articulação e problematização dos conceitos de patrimônio, identidade e cidadania" (MACHADO; MONTEIRO, 2010, p. 37), tão necessária para o entendimento dos papéis dos grupos sociais em sua comunidade.

3.3.3 *A Princesa das Crianças* versão 2.0

Logo de início, faz-se necessário deixar claro que a intenção de trazer como hipótese de resposta à problemática desta pesquisa a presença de uma nova *Princesa* **não desqualifica nem desmerece a estimada** *Princesa das Crianças*. Ao contrário, se inspira nela para esboçar uma nova proposta de material paradidático de História Local, voltado para os anos iniciais do ensino fundamental.

Mas quais seriam os traços da nova *Princesa*? Seria ela empoderada e revolucionária? Ponderada ou questionadora? Assim como qualquer material didático existente, eles são elaborados partindo de escolhas de historiadores. Nesse caso, essa princesa seria um misto de necessidades constatadas nos resultados desta pesquisa e de todas as leituras realizadas pela autora desde sua elaboração. No entanto, teria uma certa dose de carências pessoais, sentidas no decorrer de anos de atuação como professora dos anos iniciais.

A primeira escolha seria relacionada à formação de conceitos sociais na perspectiva do pesquisador russo Lev Vygotsky (1896-1934). Bittencourt (2018, p. 163) reflete de maneira breve sobre a formação de tais conceitos em Vygotsky:

> No que se refere ao modelo pelo qual os conceitos são formados, a ênfase maior da teoria de Vygotsky recai na aquisição social dos conceitos, e não apenas na maturidade biológica. São consideradas fundamentais, nas apreensões conceituais, as dimensões historicamente criadas e culturalmente elaboradas no processo de desenvolvimento das funções humanas superiores, notadamente a capacidade de expressar e compartilhar com os outros membros de seu grupo social todas as suas experiências e emoções. A linguagem humana, sistema simbólico por excelência possibilita a mediação entre o sujeito e o objeto do conhecimento, favorece o intercâmbio social e a formação conceitual. A linguagem é um atributo humano que favorece os processos básicos da constituição dos conceitos: a abstração e a generalização. Vygotsky entende que assim pela comunicação social o ser humano pode progressivamente chegar ao desenvolvimento dos conceitos, que para ele significa o entendimento das palavras.

Para Vygotsky, a formação se dá por meio da interação entre sujeito e ambiente, em uma relação dialógica entre ambos. Cooper (2012, p. 29), em suas pesquisas envolvendo o ensino de História com alunos da educação infantil e anos iniciais, também relata a contribuição de Vygotsky no trabalho sobre a zona de desenvolvimento proximal[9], que mostra "como, trabalhando com um adulto ou com um parceiro (a) mais competente, o pensamento da criança pode ser levado a diante".

Nesse contexto, insere-se o papel da escola e do professor, como mediadores do aprendizado escolar. De acordo com Ivic (2010, p. 16), "Para o desenvolvimento da criança, em particular na primeira infância, os fatores mais importantes são as interações assimétricas, isto é, as interações com os adultos, portadores de todas as mensagens da cultura". Será por meio dessa relação com o adulto que a criança desenvolverá a competência de suas capacidades cognitivas.

Pautar o ensino de História nessa perspectiva seria, portanto, valorizar e priorizar todas as relações da criança com seu meio por intermédio do professor, considerando o patrimônio local, a cultura de sua comunidade, as tradições e a estrutura social do grupo ao qual pertence. Atividades que incentivem essa relação dialógica entre os alunos dos anos iniciais e seu ambiente facilitarão o desenvolvimento do pensamento histórico, a compreensão de temporalidade, bem como farão com que esse aluno desperte para o sentimento de pertença ao espaço e se perceba como sujeito histórico.

A outra escolha seria em relação ao uso de fontes históricas nas práticas de sala de aula, nesse caso, fontes que remetessem à história da cidade. Uma nova *Princesa* necessitaria de um novo conteúdo com ferramentas que auxiliassem as professoras a abrir um leque de possibilidades sobre a História Local. Mas não basta apenas ter fontes, é necessário saber usá-las, conversar com elas, questionar, fazer com que o aluno se interesse por elas e perceba o quanto têm a ensinar. Luporini e Urban (2015, p. 18) reforçam essa ideia quando afirmam que:

> O diálogo com as fontes é fundamental, porque estas não devem ser entendidas como uma verdade

---

[9] "[...] a zona de desenvolvimento proximal é o caminho entre o que a criança consegue fazer sozinha e o que ela está perto de conseguir fazer sozinha. Saber identificar essas duas capacidades e trabalhar o percurso de cada aluno entre ambas são as duas principais habilidades que um professor precisa ter, segundo Vygotsky" (LEV..., 2015).

> sobre o passado, sobre o que aconteceu em determinado lugar; elas devem ser consideradas como um vestígio do passado ao qual se tem acesso no momento presente.

Cooper (2012, p. 21) considera que as fontes são intrigantes, "pois elas não revelam seus segredos facilmente. Nós geralmente temos que adivinhar o que elas podem estar nos falando, baseado no que mais nós podemos saber". Ressalta-se a valorosa contribuição das pesquisas dessa autora no sentido de esmiuçar todo o processo de entendimento e trabalho com as fontes nos anos iniciais.

Muitos pesquisadores[10] da área de ensino de História listaram várias fontes que podem ser trabalhadas em sala de aula dos anos iniciais, destacando:

a. documentos impressos e textuais;
b. lugares de memória (museus, arquivos, bibliotecas, monumentos);
c. objetos;
d. literatura;
e. poesias e canções;
f. periódicos;
g. fontes iconográficas (fotos, cartazes, mapas, pinturas, desenhos);
h. fontes orais;
i. cinema e audiovisuais;

Bittencourt (2018, p. 279) alerta que, em relação ao uso das fontes, não se deve esperar que o aluno se torne um "pequeno historiador", pois "para os historiadores, os documentos têm outra finalidade, que não pode ser confundida com a situação de ensino de História". É preciso que se estabeleçam critérios de seleção das fontes por parte do professor, para que elas contribuam para a

---

[10] Lista elaborada com base nas sugestões de Fonseca (2009), Luporini e Urban (2015) e Bittencourt (2018).

aprendizagem histórica, seja como "fonte de informação, explicitando uma situação histórica" (BITTENCOURT, 2018, p. 279), como uma simples "ilustração" que reforça as ideias trazidas pelo livro didático ou, ainda, "assumindo a condição de situação-problema, para que o aluno identifique o objeto de estudo ou o tema histórico a ser pesquisado" (BITTENCOURT, 2018, p. 279).

É preciso levar o aluno a penetrar nas linhas do tempo da História, não como expectador, mas como agente histórico, capaz de argumentar sobre a diversas fontes, travando diálogos com a comunidade que o cerca, criando hipóteses sobre fatos taxados como verdadeiros. Assim, pode conhecer os vários espaços de memória e, sobretudo, aprender a ver com olhos críticos o presente em que vive.

Essa nova *Princesa* deverá valorizar as diversas pesquisas realizadas sobre a história de sua cidade e não focar em apenas uma versão dos fatos, que muitas vezes foi escrita por representantes de uma classe dominante. Deverá ser uma *Princesa* que volta seu olhar para as pessoas comuns e seu cotidiano. Que não olha apenas para os "importantes fazendeiros que discutiam onde seria fundada a nova cidade", mas também para aqueles homens e mulheres trabalhadores que, aos poucos, mudavam-se para a pequena vila e a faziam crescer.

Espera-se que essa *Princesa*, assim com a *Princesa das Crianças*, contribua com o ensino de História nos anos iniciais e que seja mais que um apoio à prática das professoras, mas sirva como instrumento de desenvolvimento da consciência histórica tanto dos alunos quanto das professoras que possam vir a us**á**-la.

CONSIDERAÇÕES FINAIS

Partindo de uma necessidade pessoal e profissional, que se desdobrou em uma problemática voltada ao ensino de História e diretamente às questões que envolvem a formação de professores, estabeleceram-se os objetivos que direcionaram a pesquisa. O espaço das escolas municipais de Ponta Grossa foi pensado visando compreender como era o trabalho das professoras dos anos iniciais, especialmente dentro do recorte da História Local.

Considerando a hipótese de que temáticas que abordam a história da cidade ainda estariam sendo trabalhadas em uma perspectiva da história tradicional, buscou-se por metodologias que possibilitassem uma visualização da realidade do ensino de História Local nos anos iniciais. Optou-se, portanto, pela aplicação de questionários, que foram respondidos por professoras atuantes da rede pública municipal, caracterizando a pesquisa tanto em um viés quantitativo quanto qualitativo.

Mediante as respostas obtidas com os questionários, os resultados foram tabulados e categorizados, dando voz às 58 professoras que se dispuseram a preenchê-los. Muito do que foi relatado por elas são questões que perpassam o espaço escolar e se ampliam para um espaço anterior a este, sua formação inicial. A discussão que se deu sobre o processo de formação das professoras, como educadoras polivalentes, ficou restrita à ação dentro da disciplina de História, tendo em vista a não formação específica nessa área. Essa não especificidade ficou clara quando as professoras relataram não possuir, em grande parte, uma formação que envolvesse a temática da História Local, foco desta pesquisa.

Nas questões analisadas, foi possível constatar uma série de fatores que caracterizam a realidade do ensino de História nos anos iniciais na cidade de Ponta Grossa, entre eles: o desconhecimento, em partes, dos Referenciais Curriculares Municipais, a dificuldade de pôr em prática a proposta da disciplina de História, a ausência de materiais que tratem da temática local, o não uso de fontes históricas e a falta de formação específica em História e História Local.

Nesse contexto de ensino de História Local, surgiu nas falas das professoras entrevistadas a famosa obra *A Princesa das Crianças*, de autoria de Pedroso e Meister (1989). O livro em questão foi a mola propulsora da presente pesquisa, pois foi por meio dele e de seu uso ainda frequente nas salas de aula dos anos iniciais que os primeiros questionamentos sobre o ensino de História Local, principalmente sobre a fundação de Ponta Grossa, levaram a pesquisa a delimitar seu recorte temático.

Foram retratadas no decorrer do texto muitas das contribuições recebidas pela *Princesa* ao longo dos últimos 30 anos, dentro do espaço escolar. Suas páginas, com certeza, estão na memória de toda uma geração de professores e alunos ponta-grossenses. Porém, a pesquisa demonstrou que era necessário ir além das páginas da *Princesa*; a realidade educacional exige algumas mudanças e adequações do ponto de vista conceitual e metodológico. Buscaram-se, portanto, outros historiadores que dessem suporte a essas novas exigências contemporâneas e que viessem a acrescentar ao conhecimento ofertado na obra das professoras Maria de Lurdes e Maria Stella.

No que diz respeito ao ensino de História e História Local, muitos são os pesquisadores que se debruçam sobre essa área e podem vir a colaborar efetivamente para a prática das professoras dos anos iniciais. Cooper (2012) elenca uma série de sugestões de atividades voltadas à localidade a serem aplicadas nessas turmas, como a exploração de eventos locais, indústrias locais, conhecer o dialeto ou as expressões da comunidade, conhecer museus e outros espaços de memória, além de trazer para pauta histórias de sua família.

Luporini e Urban (2015) trazem, em um formato extremamente didático, possibilidades diversas para o uso de fontes, bem como propostas de ações na perspectiva na Educação Patrimonial e inúmeras sugestões de literaturas infantis. Fonseca (2009) explora não somente a questão a História Local e do cotidiano, mas também o uso de diferentes fontes e linguagens no ensino de História. A autora também contribui com sugestões de filmes, sites e bibliografias.

Zamboni (2008) traz contribuições importantes sobre a formação dos professores de História, bem como problematiza o uso dos materiais didáticos por esses professores. Cainelli e Schimidt (2004) demonstram, por meio de suas pesquisas, a necessidade de ações que auxiliem os alunos no processo de aprendizagem histórica, assim como Bittencourt (2018), que faz um apanhado de todos os âmbitos do ensino de História, desde os métodos e conceitos históricos até a utilização de documentos históricos pelo professor.

Conforme a tão buscada realidade ponta-grossense no campo do ensino de História Local foi se configurando no decorrer da pesquisa, foram surgindo paralelamente algumas possibilidades de ações que objetivavam auxiliar as professoras dos anos iniciais em suas possíveis dificuldades. Entre elas, três cenários se construíram:

a. a valorização da formação continuada do professor, não como um modelo de "reciclagem obrigatória", mas como algo que parta da necessidade desses professores e que aborde temáticas sugeridas por eles;

b. a Educação Patrimonial como meio facilitador para o ensino de História Local, propondo um novo olhar sobre todo o ambiente que cerca o aluno, não somente os espaços de memória, mas de toda a comunidade em que esse aluno está inserido, valorizando sua cultura e a diversidade local. Desta forma, o sentimento de pertencimento e identidade tendem a ser valorizados pelo aluno;

c. a criação de uma nova *Princesa*, modelada conforme as necessidades atuais, valorizando o trabalho com as fontes históricas e pautada em uma perspectiva pedagógica sociointeracionista proposta por Vygotsky.

Por fim, conclui-se que, nesse caminho do ensino de História Local na cidade de Ponta Grossa, conhecemos uma *Princesa* que o percorreu com elegância e persistência durante longos anos. Esse caminho, no entanto, com o passar do tempo, tornou-se um pouco mais complexo e cheio de curvas e desvios, o que dificultou a caminhada da *Princesa das Crianças*. Mas ela chegou a seu destino, cumpriu bravamente seu objetivo de levar conhecimento sobre a História e a Geografia locais para inúmeras crianças e professoras ponta-grossenses.

Agora nos resta partir de onde a *Princesa* parou, traçando novas metas para se chegar a um novo destino e fazendo dessa estrada um lugar mais acessível e democrático, para que todos possam caminhar com liberdade, porém conscientes de seu papel como sujeitos históricos e de sua responsabilidade na preservação da História Local. É importante ressaltar que **não estamos sozinhos nes**se caminho, que para muitos pode parecer desafiador, mas sejamos, assim como a *Princesa*, valentes ao caminhar, para que nossas marcas também fiquem registradas na História.

REFERÊNCIAS

ABUD, Kátia. O ensino de História nos anos iniciais: como se pensa, como se faz. **Antíteses**, Londrina, v. 5, n. 10, p. 555-565, 2012. DOI: http://dx.doi.org/10.5433/1984-3356.2012v5n10p555.

BARROSO, Vera. Educação patrimonial e ensino de história: registros, vivências e proposições. *In:* BARROSO, Vera *et al.* (org.). **Ensino de história:** desafios contemporâneos. Porto Alegre: EST, 2010. p. 15-37.

BERGAMASCHI, Maria Aparecida. O tempo Histórico nas primeiras séries do ensino fundamental. *In:* CONFERÊNCIA ANUAL DA ANPED, 23., 2000, Caxambu. **Anais** [...]. Caxambu: ANPED, 2000. p. 1-13. Disponível em: http://23reuniao.anped.org.br/trabtit2.htm. Acesso em: 30 mar. 2019.

BITTENCOURT, Circe Maria Fernandes. **Pátria, civilização e trabalho**. São Paulo: Loyola, 1990.

BITTENCOURT, Circe Maria Fernandes (org.). **O saber histórico na sala de aula**. São Paulo: Contexto, 2004.

BITTENCOURT, Circe Maria Fernandes. **Ensino de História:** fundamentos e métodos. São Paulo: Cortez Editora, 2018.

BRASIL. Lei n.º 9.394, de 20 de dezembro de 1996. Estabelece as diretrizes e bases da educação nacional. **Diário Oficial da União**, Brasília, DF, 20 dez. 1996. Disponível em: http://www.planalto.gov.br/ccivil_03/leis/l9394.htm. Acesso em: 7 nov. 2021.

BRASIL. Ministério da Educação. Secretaria de Educação Básica **Ensino Fundamental de nove anos:** perguntas mais frequentes e respostas da secretaria de educação básica. Brasília, DF: MEC, 2007. Disponível em: http://portal.mec.gov.br/seb/arquivos/pdf/Ensfund/ensfund9_perfreq.pdf. Acesso em: 28 fev. 2021.

BRASIL. Conselho Nacional de Educação. **Diretrizes Curriculares Nacionais Gerais da Educação Básica**. Brasília, DF: MEC/SEB; DICEI, 2013.

BRASIL. Ministério da Educação. **Base Nacional Comum Curricular**. Brasília, DF: MEC, 2018.

CAINELLI, Marlene Rosa. A história ensinada no estágio supervisionado do curso de História: a aula expositiva como experiência narrativa. **História & Ensino**, Londrina, v. 15, p. 173-181, 2009. Disponível em: https://www.uel.br/revistas/uel/index.php/histensino/article/view/11437. Acesso em: 7 nov. 2021.

CASCUDO, Luís da Câmara. **Dicionário do Folclore Brasileiro**. 10. ed. Rio de Janeiro: Ediouro Publicações, 2001.

CERRI, Luis Fernando (org.) **Ensino de história e educação.** Olhares em convergência. Ponta Grossa: UEPG, 2007.

CHAVES, Niltonci Batista. **Médicos-Educadores:** um diálogo entre a história, a educação e a saúde (Ponta Grossa/PR – 1931-1953). Porto Alegre: Editora Fi, 2020.

COOPER, Hilary. Aprendendo e ensinando sobre o passado a crianças de três a oito anos. **Educar em revista**, Curitiba, edição especial, p. 171-190, 2006. DOI: https://doi.org/10.1590/0104-4060.405.

COOPER, Hilary. **Ensino de história na educação infantil e anos iniciais**: um guia para professores. Traduzido por Rita de Cássia K. Jankowski, Maria A. M. S. Schmidt e Marcelo Fronza. Curitiba: Base Editorial, 2012.

COSTA, Andrea. Técnicas de coleta de dados e instrumentos de pesquisa. **Instituto Federal do Rio Grande do Norte**, Natal, 2020. Disponível em: https://docente.ifrn.edu.br/andreacosta/desenvolvimento-de-pesquisa/tecnicas-de-coletas-de-dados-e-instrumentos-de-pesquisa. Acesso em: 13 nov. 2020.

CRUPI, Maria Cristina. **A natureza nos livros didáticos de história**: uma investigação a partir do PNLD. 2008. Dissertação (Mestrado) – Universidade Estadual Paulista, Instituto de Biociências de Rio Claro, Rio Claro, 2008. Disponível em: http://hdl.handle.net/11449/90229. Acesso em: 20 jul. 2023.

DE VARGAS GIL, Carmem; PACIEVITCH, Caroline. Patrimônio e ensino de História: aportes para a formação docente. *In:* SIMAN, Lana (org.). **Patrimônio no plural**: educação, cidades e mediações. Belo Horizonte: Fino Traço Editora, 2017.

DEMARCHI, João Lorandi. O que é, afinal, a educação patrimonial? **Revista CPC**, São Paulo, v. 13, n. 25, p. 140-162, 2018. DOI: https://doi.org/10.11606/issn.1980-4466.v13i25p140-162.

DONNER, Sandra Cristina. História Local: discutindo conceitos e pensando na prática. O histórico das produções no Brasil. *In*: ENCONTRO ESTADUAL DE HISTÓRIA, 11., 2012, Rio Grande. **Anais [...]**. Rio Grande: ANPUHRS, 2012. p. 223-232. Disponível em: http://www.eeh2012.anpuh-rs.org.br/resources/anais/18/1342993293_ARQUIVO_HistoriaLocal-BrasileMundotexto2012.pdf. Acesso em: 30 nov. 2019.

DOROTÉIO, Patrícia Soares Santos. Ensinar História nos Anos Iniciais do Ensino Fundamental: desafios conceituais e metodológicos. **História & Ensino**, Londrina, v. 22, n. 2, p. 207-228, jul./dez. 2016. DOI: http://dx.doi.org/10.5433/2238-3018.2016v22n2p207.

FERMIANO, Maria; SANTOS, Adriane dos. **Ensino de História para o fundamental 1:** teoria e prática. São Paulo: Contexto, 2014.

FERREIRA, Sheila Margarete Moreno. **Os recursos didáticos no processo ensino- aprendizagem.** 2007. Trabalho de Conclusão de Curso (Bacharelado em Ciências da Educação e Praxis Educativa) – Universidade Jean Piaget de Cabo Verde, Cidade da Praia, 2007.

FERREIRA, Carlos Augusto Lima. Pesquisa quantitativa e qualitativa: perspectivas para o campo da educação. **Revista Mosaico**, Goiânia, v. 8, n. 2, p. 173-182, 2015. DOI: http://dx.doi.org/10.18224/mos.v8i2.4424.

FLORÊNCIO, Sônia Rampim *et al.* **Educação Patrimonial**: histórico, conceitos e processos. Brasília: Iphan, 2014.

FREITAS, Itamar. **Fundamentos teórico-metodológicos para o Ensino de História (Anos iniciais).** São Cristóvão: Editora UFS, 2010.

FONSECA, Selva Guimarães. **Fazer e ensinar História.** Anos iniciais do Ensino Fundamental. Belo Horizonte: Dimensão, 2009.

FONSECA, Selva Guimarães. **Didática e prática de ensino de História.** São Paulo: Papirus, 2012.

GOIRIS, Fábio A. de Lara. **Estado e política:** a história de Ponta Grossa – Paraná. Ponta Grossa: Planeta, 2013.

GOUBERT, Pierre. História local. **Revista Arrabaldes.** Petrópolis, v. 1, n. 1, maio/ago. 1988. Disponível em: https://pt.scribd.com/document/413889345/GOUBERT-Pierre-Historia-Local-pdf. Acesso em: 20 fev. 2021.

HORTA, Maria de Lourdes Parreiras; GRUNBERG, Evelina; MONTEIRO, Adriane Queiroz. **Guia básico de educação patrimonial.** Brasília: Iphan, 1999.

IBGE. Panorama de Ponta Grossa. [Rio de Janeiro], ©2021. Disponível em https://cidades.ibge.gov.br/brasil/pr/ponta-grossa/panorama. Acesso em: 21 fev. 2021.

IMBROISI, Margaret; MARTINS, Simone. Independência ou Morte, Pedro Américo. História das Artes, [s. l.], 7 set. 2021. Disponível em: https://www.historiadasartes.com/sala-dos-professores/independencia-ou-morte-pedro-americo/. Acesso em: 2 mar. 2021.

IVIC, Ivan. **Lev Semionovich Vygotsky.** Recife: Fundação Joaquim Nabuco; Editora Massangana, 2010.

LEV Vygostky – o teórico do ensino como processo social. **Nova Escola,** [s. l.], 14 ago. 2015. Disponível em: https://novaescola.org.br/conteudo/7235/lev-vygotsky#_=_. Acesso em: 24 out. 2021.

LIMA, José Aldaécio de; CAVALCANTE, Maria da Paz. O ensino de história local: possibilidades e desafios. *In:* SIMPÓSIO INTERNACIONAL DE ENSINO E CULTURAS AFRO-BRASILEIRAS E LUSITANAS, 1., 2018, Pau dos Ferros. **Anais [...].** Pau dos Ferros: SINAFRO, 2018. Disponível em: http://www.editorarealize.com.br/revistas/sinafro/e-book.php. Acesso em: 30 mar. 2020.

LUPORINI, Teresa Jussara; URBAN, Ana Claudia. **Aprender e Ensinar História nos Anos Iniciais do Ensino Fundamental.** São Paulo: Cortez, 2015.

MACHADO, Maria Beatriz Pinheiro; MONTEIRO, Katani Maria Nascimento. Patrimônio, identidade, cidadania: reflexões sobre Educação Patrimonial. *In:* BARROSO, Vera Lúcia Maciel *et al.* (org.). **Ensino de História:** desafios contemporâneos. Porto Alegre: EST Edição; Exclamação; ANPUH/RS, 2010.

MEISTER, Maria Stella; PEDROSO, Maria Lourdes. **A Princesa das Crianças.** Ponta Grossa: Kugler, 1989.

MENIN, Izabel Cristina Durli. **O ensino da história local:** historiografia, práticas metodológicas e memória cotidiana na era das mídias interativas no município de Veranópolis. 2015. Dissertação (Mestrado Profissional em História) – Universidade de Caxias do Sul, Caxias do Sul, 2015. Disponível em: https://repositorio.ucs.br/xmlui/bitstream/handle/11338/1108/Dissertacao%20Izabel%20Cristina%20Durli%20Menin.pdf?sequence=1&isAllowed=y. Acesso em: 7 nov. 2021.

MIRANDA, Sonia Regina. Temporalidades e cotidiano escolar em redes de significações: desafios didáticos na tarefa de educar para a compreensão do tempo. **Revista História Hoje**, Rio de Janeiro, v. 2, n. 4, p. 35-79, 2013. Disponível em: https://rhhj.anpuh.org/RHHJ/article/view/92. Acesso em: 30 mar. 2019.

NASCIMENTO. Maria Isabel Moura. **A primeira Escola de Professores dos Campos Gerais – PR.** Ponta Grossa: Editora UEPG, 2008.

NUNES, Silma do Carmo.; SIMONINI, Gizelda Costa da Silva. A Formação de Futuros Docentes para o Ensino de História nos Anos Iniciais do Ensino Fundamental nos cursos de Licenciatura em Pedagogia e Normal Superior. *In:* FONSECA, Selva Guimarães; ZAMBONI, Ernesta (org.). **Espaços de Formação do Professor de História.** Campinas: Papirus, 2008. p. 163-184.

PARANÁ. Secretaria de Estado da Educação. **Orientações curriculares para o curso de formação de docentes da educação infantil e anos ini-**

ciais do ensino fundamental, em nível médio, na modalidade normal. Superintendência da Educação. Departamento de Educação Profissional. Curitiba: SEED/PR, 2014. Disponível em: http://www.educadores.diaadia. pr.gov.br/arquivos/File/diretrizes/ppc_formacao_docentes_2014.pdf. Acesso em: 3 mar. 2020.

PONTA GROSSA. Secretaria Municipal de Educação. **Dados das escolas municipais**. 2014-2020. Disponível em: https://sme.pontagrossa.pr.gov. br/documentos/. Acesso em: 3 mar. 2020.

PONTA GROSSA. Prefeitura Municipal Secretaria Municipal de Educação. **Diretrizes Curriculares para os anos iniciais do ensino fundamental**. 2. ed. Ponta Grossa, 2015.

PONTA GROSSA. Prefeitura Municipal Secretaria Municipal de Educação. **Referenciais curriculares para os anos iniciais do ensino fundamental**. Ponta Grossa, 2020. Disponível em: https://sme.pontagrossa.pr.gov.br/ wp-content/uploads/2020/07/Referenciais-curriculares-para-os-anos- -iniciais-do-Ensino-Fundamental-1.pdf. Acesso em: 10 jul. 2020.

PONTA GROSSA. Secretaria Municipal de Administração e Recursos Humanos. **Portal do Servidor**: quadro funcional. 2021. Disponível em: https://rh.pontagrossa.pr.gov.br/portal/estatisticas/quadro-funcional. Acesso em: 21 fev. 2021.

SACRISTÁN, José Gimeno. **Saberes e incertezas sobre o currículo**. Porto Alegre: Penso Editora, 2013.

SAMUEL, Raphael. História local e história oral. **Revista Brasileira de História**, Rio de Janeiro, v. 9, n. 19, p. 219-243, 1989/1990. Disponível em: https://www.anpuh.org/arquivo/download?ID_ARQUIVO=3887. Acesso em: 30 mar. 2020.

SANTOS, Flávio Batista dos; CAINELLI, Marlene Rosa. **O ensino de história local na formação da consciência histórica**: um estudo com alunos do Ensino Fundamental na cidade de Ibaiti-PR. 2014. Dissertação (Mestrado em Educação) – Universidade Estadual de Londrina, Londrina, 2014. Disponível em: http://www.educadores.diaadia.pr.gov.br/arquivos/

File/fevereiro2016/historia_dissertacoes/dissertacao_flavio_batista_santos.pdf. Acesso em: 7 nov. 2021.

SANTOS, Joaquim Justino Moura dos. História do lugar: um método de ensino e pesquisa para as escolas de nível médio e fundamental. **História, Ciências, Saúde-Manguinhos**, Rio de Janeiro, v. 9, n. 1, p. 105-124, 2002. Disponível em: https://www.scielo.br/j/hcsm/a/83mbbWH88chKpMhqJ6m3xfd/abstract/?lang=pt. Acesso em: 7 nov. 2021.

SAVIANI, Demerval. Formação de professores: aspectos teóricos e históricos do problema no contexto brasileiro. **Revista Brasileira de Educação**, Rio de Janeiro, v. 14, n. 40. 2009. Disponível em: https://www.scielo.br/j/rbedu/a/45rkkPghMMjMv3DBX3mTBHm/?format=pdf&lang=pt. Acesso em: 7 nov. 2021.

SCALDAFERRI, Dilma Célia Mallard. Concepções de tempo e ensino de história. **História & Ensino**, Londrina, v. 14, p. 53-70, ago. 2008. Disponível em: https://www.uel.br/revistas/uel/index.php/histensino/article/view/11522/10227. Acesso em: 7 nov. 2021.

SCHMIDT, Maria Auxiliadora; CAINELLI, Marlene Rosa. **Ensinar história.** São Paulo: Scipione, 2004.

SCHIMIDT, Maria Auxiliadora. O ensino da História Local e os desafios da formação da consciência histórica. *In:* MONTEIRO, Ana Maria; GASPARETTO, Arlete Medeiros; MAGALHÃES, Marcelo de Souza (org.). **Ensino de história**: sujeitos, saberes e práticas. Rio de Janeiro: Mauad & PAPERJ, 2007.

SIMAN, Lana Mara de Castro. A Temporalidade Histórica como Categoria Central do Pensamento Histórico: Desafios para o Ensino e Aprendizagem. *In:* ROSSI, Vera Lucia Sabongi; ZAMBONI, Ernesta (org.). **Quanto tempo o tempo tem!** Campinas: Alínea, 2003.

SOARES, Olavo Pereira. A música nas aulas de história: o debate teórico sobre as metodologias de ensino. **Revista História Hoje**, Rio de Janeiro, v. 6, n. 11, p. 78-99, 2017. Disponível em: https://rhhj.anpuh.org/RHHJ/article/view/325. Acesso em: 30 mar. 2020.

TANURI, Leonor Maria. História da formação de professores. **Revista Brasileira de Educação**, Rio de Janeiro, n. 14, p. 61-88, 2000. Disponível em: https://www.scielo.br/pdf/rbedu/n14/n14a05. Acesso em: 20 jul. 2020.

TELLES, Michele Rotta. **Professores dos Anos Iniciais do Ensino Fundamental e suas ideias sobre história e ensino de história.** 2015. Dissertação (Mestrado em História) – Universidade Estadual de Ponta Grossa, Ponta Grossa, 2015.

TOLEDO, Maria Aparecida Tursi. História local, historiografia e ensino: sobre as relações entre teoria e metodologia no ensino de história. **Antíteses**, Londrina, v. 3, n. 6, p. 743-758, 2010. Disponível em: https://www.uel.br/revistas/uel/index.php/antiteses/article/view/4388. Acesso em: 30 mar. 2020.

UEPG. **Grade Curricular do Curso de Licenciatura em Pedagogia.** Ponta Grossa, 2020. Disponível em https://www.uepg.br/catalogo/cursos/2019/pedagogo.pdf. Acesso em: 3 jul. 2020.

VASCONCELOS, Fernando. **Os pombinhos do Deus Tupã**. Ponta Grossa: Planeta, 2003.

ZAMBONI, Ernesta. O conservadorismo e os paradidáticos de história. **Revista Brasileira de História**, Rio de Janeiro, v. 13, n. 25/26, p. 143-162, 1993. Disponível em: https://www.anpuh.org/arquivo/download?ID_ARQUIVO=3733 Acesso em: 30 mar. 2020.

ZARBATO, Jaqueline. Ensino de História, Formação Docente e Saber Histórico Escolar: Reflexões sobre a Educação Histórica nos Anos Iniciais do Ensino Fundamental. **Territórios E Fronteiras**, Cuiabá, v. 8, n. 1, p. 57-74, 2015. DOI: http://dx.doi.org/10.22228/rt-f.v8i1.416.

AGRADECIMENTOS

Gratidão! Muito bom poder dizer o quanto sou grata!

Agradeço, em especial, às pessoas que fizeram parte desta caminhada e que, de uma forma ou de outra, me deram suporte para chegar até o fim.

À minha família, por acreditarem que este sonho poderia dar certo.

Aos meus amigos "profhistóricos", agora mestres, da turma de 2018 do Programa de Mestrado Profissional em Ensino de História (ProfHistória) da UEPG. Obrigada por tornarem meu caminho mais leve e divertido, por serem parceiros nos momentos em que o desespero batia forte!

Agradeço aos meus queridos professores do DEHIS/UEPG, tanto da graduação como da pós, em especial à coordenação do ProfHistória da UEPG, professora Ângela Ribeiro Ferreira e professor Paulo Eduardo Dias de Mello, por acreditarem no meu potencial.

Gratidão especial ao meu querido orientador, professor Luis Fernando Cerri, que compreendeu todas as dificuldades que enfrentei durante os anos da pesquisa e que, com muita paciência, não desistiu de mim e não me deixou desistir.

E, finalmente, agradeço à História... por ela ter entrado na minha vida e permanecido até hoje.

Dedico esta obra àqueles que sempre estiveram ao meu lado: meus pais, minhas filhas e meu marido. Dedico também a todos os professores/pesquisadores que, assim como eu, acreditam que seu trabalho faz a diferença...